健康事典

为家人煮碗汤

陈富春◎著

江苏美术出版社

CONTENTS

Chapter 1 全家喝健康

Good for everybody !

Healthy Column 健康专栏

Chapter 2

宝贝喝健康

Good for children！

Chapter 3

长辈喝健康

Good for elders！

本书使用说明

关于本书设计

1. 食谱名→本道食谱的中文名称，多以主食材或功效命名。
2. 热量→为 1 人份的热量。
3. 分量→依本配方制作出来的建议食用人数，会因每人食量有所差异。
4. 材料→制作本道食谱所需要的材料及分量。
5. 调味料→制作本道食谱所需要的调味料及分量。
6. 做法→制作本道食谱的详细烹调步骤与方法。
7. 健康贴士→说明本道食谱对身体的好处、在材料或烹调制作上须注意的重点，以及不适合食用的对象，还有哪些人或症状不适合食用本道食谱。
8. 营养贴士→说明本道食谱中对身体有益食材或药材的详细介绍。

关于烹调 & 计量

◆所有生鲜食材请洗净，并除去不可食用的部分再料理。

◆计量单位换算：

1 杯 =240 毫升

1 大匙 =15 毫升 =3 小匙

1 小匙 =5 毫升

1 两 =10 钱 =37.5 克

1 钱 = 3.75 克

1 碗 (饭)=200 克

关于食谱设计

(1) 本书提供的药材配方已考量属性，并设计配成适合一般人食用或饮用，但若感冒或有其他病症，建议等痊愈后再食用，以免干扰医生开列药品效力。

(2) 本书食谱皆考量食材与药材的搭配功能，平时保健可轮流煮来食用，若有症状上的调养时，建议连续服用 2 周，休息 2 天后再选择同性质料理变化煮来吃。

(3) 年纪在 3 岁以下的幼儿，因内脏尚未发育完全，故不建议食用有添加中药材的料理。

(4) 本书食谱主要用来提升免疫力，有照顾肠胃、预防感冒等功效，请依个人需求食用。此外，食疗药膳的效果并非治病的药品，并无法立即显现，主要在于逐渐调养身体，使身体变强健。

(5) 盐建议选用含有丰富矿物质的海盐或是竹盐，含钠量比一般食用盐低，具有增加抵抗力的功效，一般大型超市均有贩售。

熬高汤

本书的食谱中经常会用到高汤，使用高汤煮汤粥面会比较鲜美，若没有时间熬煮，可用水替代，只是鲜味会少一些。以下提供本书所用到的3种高汤做法，平时可以先大量制作高汤，分装冷冻，然后待需要时再从冰箱取出加热运用。

【自己熬高汤的优点】

优点1→健康加倍： 虽然市售的高汤块、高汤罐头、鲜鸡精等也都能轻松达到汤鲜味美的效果，但是其中所含的味精及盐分是不容小觑的，自己熬高汤就不会有此顾虑。

优点2→降低调味料用量： 高汤可使食材本身的呈鲜物质充分释出，一旦食材的原味尽现，在后续烹调时，调味料的用量就可以大幅减少，就能减轻身体的负担。

优点3→用途广泛： 高汤的用途很广，除了最基本的煮汤、做火锅，还可用来熬粥煮饭，炒菜时加一点高汤，也能增加菜肴的鲜美度，取代鸡粉、味精等调味品的使用。

【高汤的保存】

如果是1周内即可用完的分量，可装入干净的保特瓶中，再放入冰箱冷藏保存。冷藏时最好每隔2天就取出加热1次，放凉后再冷藏保存，不易坏掉变质。高汤也可自制成小汤块，在做菜时加1～2块，可让菜肴的味道更鲜美。做法很简单，只要将汤汁倒入制冰盒中，冷冻至凝固后，再取出放入保鲜盒或夹链袋中冷冻保存即可。

蔬菜高汤

材料：

绿豆芽50克、新鲜香菇5朵、大白菜芯2个、玉米芯3个、胡萝卜皮100克、白萝卜皮100克、带壳竹笋2条、水1200毫升

做法：

蔬菜分别洗净；将玉米芯、胡萝卜皮、带壳竹笋放入锅中，加水以大火煮开后，放入其余材料一起以小火熬煮20分钟后，过滤出汤汁即可。

鸡高汤

材料：

鸡胸骨2根、葱1根、姜片3片、盐1/10小匙、水2400毫升

做法：

1. 鸡胸骨洗净，仔细去除内脏，汆烫后再洗净；葱、姜片洗净。
2. 将所有材料一起放入锅中，以大火煮开后转小火续熬60分钟，过滤出汤汁即可。

Tip： 如果想让高汤更清爽，并降低脂肪的摄取，可等高汤放凉后冷藏1～2小时，待表面凝结后即可轻松刮除油脂。

日式高汤

材料：

干海带6克、柴鱼片15克、水1200毫升

做法：

1. 干海带用纸巾擦拭灰尘后，用剪刀每隔1厘米剪一道，但不剪断。
2. 将海带泡入清水中，用小火煮至出现气泡时捞出，并放入柴鱼片，等柴鱼片沉入锅底即熄火，过滤出汤汁即可。

提高免疫力 感冒不上身

秋天虽凉爽，但早晚温差大、气温多变，因此也是流行性感冒好发的季节，所以感冒的预防及提升免疫力就是此时最重要的防护重点。

免疫力系统较差的人容易发展成过敏性体质，如过敏性鼻炎，一早醒来吸入第一口空气后，便会不由自主地打喷嚏，而天气一转凉，还会变成专业的气象预报员，不停地流鼻水及打喷嚏。其实免疫力差不只会产生过敏性体质，还很容易被传染流行性感冒，或是产生手脚易冰冷、女性经痛等小毛病，这些症状都会影响到学习、读书或工作上的专注力，造成不小的困扰。

免疫功能大不同

身体里的免疫系统可以说是一套相当复杂的系统，主要的淋巴器官由骨髓、胸腺组成，而周围的淋巴器官则包括了脾脏、扁桃腺、淋巴结、盲肠等；如果将身体比喻成一个具体而微小的国家，免疫系统就好比一支发展中的军队，能提供身体保护，免受由外入侵的盗贼（好比细菌或是病毒）的伤害。免疫系统如果比较弱，细菌或病毒就有机会乘虚而入、伤害健康，引起诸如发炎、发烧、细菌感染等麻烦；小则生病一场，大则危及生命，自然不可轻忽！

◎免疫系统的任务◎

类别	执行任务
保护小队	免于受到病毒、细菌、污染物质以及疾病的侵扰。
清除小队	负责清除新陈代谢后体内的废物，以及“敌人”留下的病毒死伤尸体。
修补小队	修补受损器官及组织，使其恢复功能。
记录小队	记录入侵者，如果再度遭遇相同的“抗原”攻击时，可以更快速产生“抗体”将它们消灭。这也就是小朋友为何要接种“疫苗”的原理。

●认识流感

要预防流感，就要先认识流感。流感跟感冒的症状非常相同，都会出现咳嗽、流鼻水、喉咙痛等上呼吸道症状，不同的是，发高烧（38℃以上）时头疼与全身酸痛无力较明显，疲倦感重。若出现高烧不退、活动力差或嗜睡等症状，务必尽速就医。而新型流感与过去的季节性流感不同处在于，新型流感 H1N1 是过去没有流行过的流感病毒，因此大多数人对此病毒较无免疫力，若抵抗力不佳就容易受感染。预防保健的方法其实跟一般的感冒是相同的，只要加强卫生习惯、避免飞沫及接触传染，增加自体抵抗力即可。

●注射流感疫苗就不会感冒？

感冒病毒有 100 多种，感冒并不等于流感，流感疫苗预防的只是“流感病毒”，而且由于流感病毒容易发生变异，所以每年流行的流感病毒株均不一样，可在秋季 9 ～ 10 月接种。因此施打疫苗以后也有可能会感冒，而且疫苗的防护力也并非百分之百，老人的预防效果就只有 5 ～ 6 成。因此即便注射了疫苗，还是要保持个人卫生并远离传染源、增强免疫能力。

免疫力提升法

一样在同一间教室上课，一样在同一间办公室上班，可是就有几个人会在季节交替时节，或是感冒病毒高峰期时，特别容易比其他人率先感冒，像这种情况就是这些人抵抗力较差的最佳证据。一旦人体自身的防御力下降，就会让病毒更容易入侵，所以也就比别人更容易生病了。尤其是小朋友，身体机能还未发育完成，对病菌的抵抗力比较弱，必须更加小心，尤其在校园很容易出现病症互相传染，并愈来愈严重的状况，唯有增强自体免疫力，才是避免各种病毒入侵的最佳方法。

◎外在防护基本守则◎

1 远离传染源

在流感高峰期，尽量不要进入医院探病，一般公共场所及空气不流通的地方，也尽量不要待太久，不让病菌有传染的机会。搭乘公共交通工具及进入空气不流通的公共场所，请记得戴上口罩，避免飞沫及接触传染。

2 隔绝病菌

常漱口、勤洗手是不二法则，不论是从外面进入家门，还是吃饭前后，都要记得确实做到用肥皂或洗手液洗手，才能将病菌阻挡于外；若无法洗手时，可使用含酒精(60% 以上)的干洗手液。大人也要多注意清洁，回家后先换上干净的家居服，用清水、盐水或添加一些绿茶水漱口杀菌，抱婴幼儿前也要先洗脸、洗手后再抱比较好。

3 防寒保暖

秋冬天气不稳定时更要注意防寒保暖，建议采取“洋葱式”的穿法，并注意衣服材质的通风，以免出汗后吹风，更容易生病。可每日测量体温，随时注意身体状况。

4 按摩减压

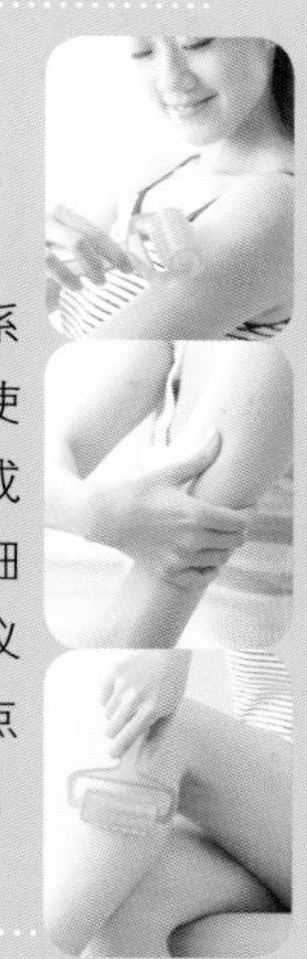

压力不仅会消耗大量维生素 C，更会制造压力荷尔蒙破坏体内免疫系统，使免疫系统能力下降。按摩可使身体放松，减少压力对免疫系统造成的伤害。长期下来，还可增加免疫细胞的数量，使免疫力明显改善。建议每天约花 10 分钟做适当按摩，重点部位在颈部、腰部、腿部、太阳穴等，可放松全身肌肉，使身体健康。

5 适量运动

适量运动可帮助提高免疫力、增强心肺功能、提高身体含氧量、增加代谢力，让人不容易感冒生病。美国大学研究指出，每天运动 30 分钟(每周 5 天)，持续 12 周之后，体内的免疫细胞数目会增加，可相对提升抵抗力。但切勿采取激烈或长时间运动(超过 1 小时)，这样反而可能会适得其反。

6 作息规律

规律的生活作息有益于健康，而“睡眠”是身体免疫力最好的养分，所以应该保持充足的睡眠，才能拥有好体力与好精神。但不是非要睡足 8 小时，只要自己早上醒来觉得精神充足就行了。

●简易甩手运动

以轻快的音乐，配合简单的甩手动作，加上呼吸的调节，据说每天只要花10～30分钟，就可增强免疫力、远离感冒。

步骤为：将两腿分开与肩同宽，收小腹、腰挺直、颈部放松、两肩放松两手自然垂下、手指并拢、掌心向后，将重心摆在下半身，脚趾头使力抓住地面，脚后跟向下压紧，此时大、小腿也处于用力状态，两眼直视远方，摒除杂念，将注意力集中在两腿上，举起手臂往前甩，手高与身体约成30度，不需过于用力，再往后甩，手高与身体约成60度，需用一点力，随后肌肉会随作用力自然前后回摆。

◎内在调理饮食方法◎

1 利用食材

均衡的饮食是增强免疫力的不二法门，利用天然食材中的营养素来提高免疫力，如富含茄红素的西红柿、胡萝卜，能够减少体内自由基的产生，还能抑制细菌繁殖；另外像十字花科蔬菜，如圆白菜、花椰菜等，含有丰富的抗氧化剂——维生素C，能够使各类免疫细胞增加数量和活力。

2 少油少甜少酒

降低免疫力的食物最好少吃，如油炸食品会使体内免疫细胞变懒，无法发挥功能；甜食会影响白细胞的制造与活动，降低身体抗病能力。根据美国最新研究显示，大量饮酒导致酒醉时，酒精会使免疫系统功能“失效”超过24小时，减弱各种免疫细胞的正常功能，增加细菌感染的机会。即便是大家都认为对身体有益的葡萄酒来说，专家也建议每天饮用不超过1杯。

3 补充营养剂

若担心因时常外食营养不均衡，每天吃1颗综合维生素，再加上8大杯的水，可以有效远离感冒。若怕小朋友的营养不够，可适时适量补充营养剂，如维生素C、钙粉、鱼肝油、乳酸菌，食用方法则须遵守医嘱或包装说明。抗生素无法消灭感冒病毒，不建议服用。

4 善用中药材

利用中药材的药性来增加抗病力，广泛取自天地孕育而生的各种药材，各有其属性，互相搭配调合下，能逐渐产生调节精、气、血的功效，身体机能自然强健，不易遭到损害。

●有助益的营养食品

【葡萄籽】具有很强的抗氧化作用，效果是维生素C的20倍，维生素E的50倍，可以消除自由基，达到保护血管、增加血管弹性、改善循环以及降低胆固醇、减少动脉硬化的功效，同时它也有抗菌及抗病毒的作用，能提升人体免疫力。

强化免疫力的营养素

虽然营养几乎主宰着免疫力的好坏，但对于现代人来说，已不是因为营养“不足”所带来免疫力低下的问题，倒是必须注意因为营养“不均衡”，或“饮食不当”而造成免疫力低下的问题。尤其现代人外食情况严重，因长期在外饮食，油脂、热量摄取都偏高，这些才是造成免疫力低下的重要因素。

B 族维生素

B 族维生素缺乏会引起免疫系统的退化，甚至影响淋巴球数量减少及抗体的产生。如维生素 B_1 可维持正常食欲和消化力以及神经系统的正常功能；维生素 B_2 能促进生长发育并保持好视力、预防皮肤炎；维生素 B_{12} 有益于造血、神经系统及骨骼等细胞发育。

维生素 E

能增加抗体、增强淋巴细胞功能，以清除过滤病毒、细菌，且维生素 E 可以防止白细胞膜产生过氧化反应，所以每天都要适当摄取，每天只要摄取 200iu（国际单位），就可以增强对抗传染源的能力。

维生素 E 在油脂类中广泛存在，如芝麻油、橄榄油、坚果类等。

类胡萝卜素

类胡萝卜素家族包括橙色的 β－胡萝卜素、黄橙色的玉米黄素、红色的茄红素、黄绿色的叶黄素、红紫色的前花青素等。β－胡萝卜素是维生素 A 的前驱物质，主要食物来源是深绿色或黄色的蔬菜和藻类，其中以胡萝卜最具代表性，它不只有保护眼睛及抗癌的效果，对于提升免疫力也相当有帮助。

维生素 C

可以刺激人体制造干扰素，破坏病毒，借以减少白细胞和病毒的结合，保持白细胞的数目正常。感冒时，白细胞中的维生素会急速被消耗，所以感冒期间应多补充大量维生素 C，以增强免疫力，在柑橘类水果、青椒及其他绿色蔬菜上可以摄取到维生素 C。每天摄取 200 ~ 500 毫克的维生素 C，有助于身体发挥抵抗力。

蛋白质

是构成白细胞和抗体的主要成分，蛋白质严重缺乏的人，会造成免疫细胞中的淋巴球数目大量减少，使得身体免疫机能下降。记得要摄取优质蛋白质，如瘦肉、蛋、鱼、牛奶、豆腐等，是最好的蛋白质来源。

蒜素

大蒜内含有丰富的硫化合物，具有杀菌能力，有提升免疫力及抗病毒的功能；而大蒜里的蒜素亦有杀死体内病菌的效果，是与白细胞并肩作战、增强免疫机能的食物。若每天吃 2 个蒜瓣，能有效增强免疫力，预防生病。

多糖体

可增加抗体、诱导干扰素、增加防御性的杀手细胞来强化免疫系统，可经由能增进巨噬细胞和 T－细胞（负责对付病毒）的菇蕈类食品中摄取。

乳酸菌

酸奶的主要成分为乳酸菌，多摄取酸奶可以增加肠内的有益细菌，对于腐败细菌有抑制效果，可以防止腐败细菌分解蛋白质，造成过多毒素堆积，同时提高抗体的产生，建议天天饮用酸奶。

十大提升免疫力食材

想要提升免疫力，彻底杜绝病菌的侵袭，“吃对食物”就是关键。除了饮食均衡、作息正常绝对要遵守外，还有一些具有优质营养素的食材，可以让你事半功倍地达到提升免疫力的功效；而酸奶是所有乳制品中，既可兼顾营养又能改善肠道环境的饮品，可多喝。此外，人体最重要的成分就是水，水分充足、新陈代谢旺盛，免疫力自然就会提高！

菇蕈类

菇蕈类含有丰富的蛋白质、维生素、矿物质，所含的多糖体可提高细胞吞噬病菌的能力，进而增加抗病力，使人不容易生病；多糖体还可增强淋巴细胞的活性，提升身体的免疫机能。另外，菇蕈类普遍含有一种天然的抗菌素，能杜绝病菌对身体产生危害。菇蕈的种类很多，除了很多野生的可能含有剧毒，不能任意食用外，一般人工培植且产量、品质稳定的有香菇、蘑菇、草菇、杏鲍菇、金针菇、蟹味菇、柳松菇、木耳等。若为干品，烹调前再洗净泡水至变软即可，不要泡太久，以免营养流失；烹调时请尽量缩短时间，这样可保留较多营养素。

黄豆

黄豆有蛋白质、油脂、碳水化合物、卵磷脂、维生素A、维生素B_1、维生素B_2、维生素E和矿物质钠、钙、磷、铁，及膳食纤维等营养素。能调节生理作用、保护神经系统，对小朋友的生长发育很有帮助。所含的蛋白质属于植物性，能够增加免疫力、降血脂。另外，黄豆所含的雌激素成分，对促进骨骼健康有一定的功效。中医认为，黄豆性寒味甘，有止痛解毒功效，制品中的豆浆可纾解腐蚀性毒物的中毒情况。黄豆制品包罗万象，豆花、豆腐、豆皮、豆干、素食材料及酱油、味噌等调味料，都是利用黄豆制造出来的。

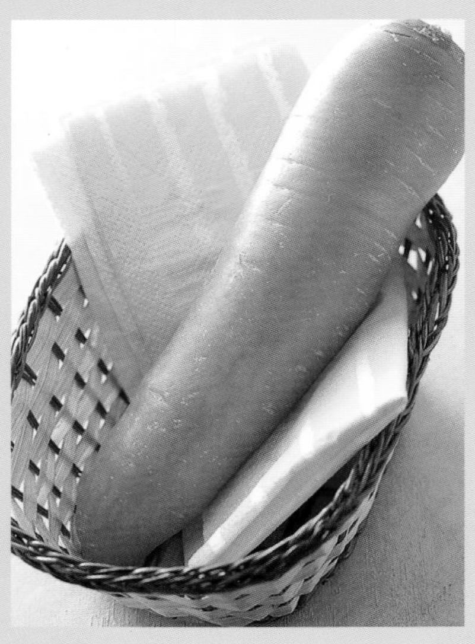

胡萝卜

胡萝卜含有蛋白质、维生素A、维生素B_1、维生素B_2、维生素B_6、维生素C，及矿物质钾、钙、磷、锌、铁、硒等营养成分，能治疗夜盲症、预防便秘、降血压、抗衰老。尤其维生素A可转化成β－胡萝卜素，能够排除体内的自由基，就能减少罹患癌症的概率，还能保护皮肤组织，增强抵抗病菌的能力。另外，其对呼吸道的保健也有不错的功效。烹调时必须搭配油脂，才能让身体有效吸收维生素A；削去外皮时愈薄愈好，因为皮下的营养素也很丰富。

柑橘类水果

常见的柑橘类水果有柳丁、橘子、椪柑、柠檬、葡萄柚、金橘等，普遍具有低脂、高纤及高维生素C的特性，所含的柠檬酸具有抗氧化效果，可以让不好的细胞减缓生长，防止癌症产生。也含有丰富的抗氧化物质，可以清除体内的自由基，增强身体免疫系统。另外，柠檬有增强消化、改善食欲不振的功能；葡萄柚能促进肠胃蠕动，还能预防感冒、牙龈出血等疾病。其皮、肉间的薄膜或白色筋络不要去除，虽稍具苦味，但营养素多，建议与果肉一起食用。

西红柿

西红柿的营养丰富，有糖类、蛋白质、脂肪、维生素 B_1、维生素 B_2、维生素 C、胡萝卜素、钙、磷、铁、柠檬酸、苹果酸等，内含的茄红素也有抑制细菌的作用。中医认为西红柿性平味甘酸，能开胃助消化、生津止渴、凉血平肝、治疗食欲不振，也具有清热解毒的功效，总体来说，熟食比生食的效果要好。 买时要选择带蒂的，可保存较久，一般放在室温下储藏，避免重压即可。

南瓜

南瓜含有非常丰富的营养素，比如糖类、维生素 A、B 族维生素、维生素 C，及矿物质钙、磷、钾、钠、锌等，其中维生素 A、维生素 B_1、维生素 C 含量最丰富。维生素 A、维生素 B_1 可以保养眼睛及皮肤，β – 胡萝卜素能防止自由基损害身体细胞，另外，还可以强化血管，并有保护肝脏、肾脏的功能。中医则认为，南瓜性温味甘，有补中益气、止咳消痰的好处，多食有益。南瓜甜度高，应用也广，建议连同外皮一起烹调，可以摄取到更完整的营养素。

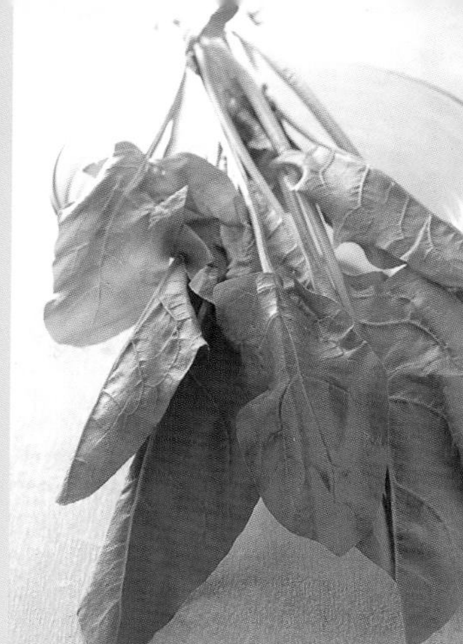

菠菜

菠菜含有丰富的维生素 A、维生素 B、维生素 C、β – 胡萝卜素、叶酸，及矿物质铁、钾、钙、磷等，对于便秘、贫血有特殊疗效。其中维生素 A、叶酸可预防癌症、心脏病，铁可预防贫血，钾可帮助维持细胞的电解质平衡。中医认为，菠菜性凉味甘，具有养血、通便功效，但因性偏凉，所以可隔一天吃一次，或是搭配姜片一起烹调，中和属性后再食用。

花椰菜

花椰菜含有丰富的蛋白质、脂肪、维生素 A、维生素 B_1、维生素 B_2、维生素 C、胡萝卜素、纤维质，及矿物质钙、磷、铁等。尤其维生素 C 的含量相当高，可以净化血液，预防癌症；而纤维质可以帮助排除肠内废物、促进排便顺畅。中医认为，花椰菜性平味甘，有增进食欲、生津止渴、帮助消化、清热利尿的功效。

草莓

草莓含有维生素 C、铁、钾、钠等营养素，可以治疗贫血、消除疲劳、强健神经、维持内分泌腺体的正常运作。其中所含的丰富维生素 C 可以让身体制造干扰素，破坏病毒结构，也能减少病菌侵袭，进而增强身体的抗病力，每人每天只要食用6 ~ 8颗，就能获得一天所需的维生素 C。清洗时请用流动的水冲洗干净后，再拔除蒂头，以免不干净的物质透过蒂头处进入草莓内部。

葡萄

葡萄含有丰富的水分、葡萄糖、钙、铁、磷、维生素 C、果酸、柠檬酸、苹果酸等有益成分，也含有天然的聚合苯酚，能和病毒中的蛋白质化合，使它们失去传染散播的能力。中医认为葡萄能补血、强心、开胃、利尿、恢复精神、帮助消化，也具有排毒功效，能帮助胃、肠、肝、肾清除垃圾。可连皮打成果汁后过滤，能获得更多皮下的营养素。

药膳食补与体质

所谓体质，在一般人的认知里经常被一分为二，也就是冷热体质之分的“寒”与“热”。其实在中医的说法里，体质除了上述的冷热之别，还有更精准的“寒热虚实表里阴阳”以及其他多种辨证法，也有先天与后天体质之分。

就西医科学领域而言，乃将个人体质分为酸性及碱性，而体质的酸碱则会随着饮食摄取以及生活作息而改变。其实不只人的体质有各种类型，所有的自然食物在中医医学中各有其寒热属性，就营养学分析也有酸碱性之分。所以无论是要进补养生，或者在平日食补保养，都得谨慎选择适合自己体质的饮食来调养，譬如鸡精、人参茶等补品是属于热补，对热性体质的人就不适合哦！

体质的判别

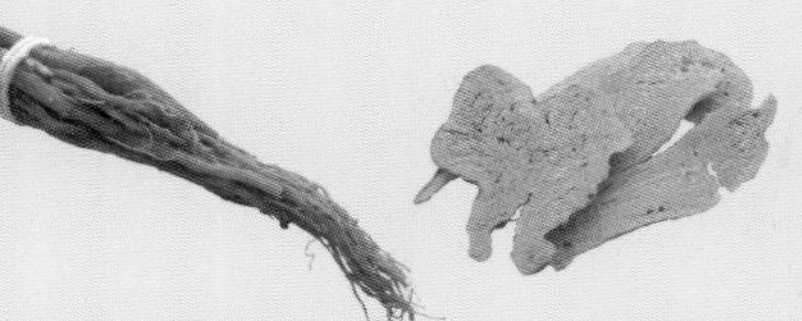

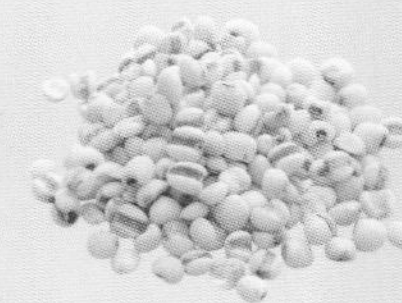

【中医说】

中国医学向来很重视个人体质的差异，认为人一出生在体质上即有分别，所以问诊时皆需先把脉辨证，先认清求诊者的体质再对症下药，才能达到调养的功效。

以下整理出几种中医基本分类的体质种类，并且简要说明各种体质显现于外在的明显特征。如果自己还是分辨不出来的话，建议你不妨由中医师以更专业的“望闻问切”来确定自己到底是属于哪一种体质。这么一来，才能真正选用适合自己的补品，确实收到药膳食补之效。

“从寒热性来看”

◎**寒** →通常面色苍白、手脚冰冷、大便软稀、唇色淡、身体虚弱的人，称之为“寒性体质”，适合温补或热补。

◎**热** →可细分为“虚热”及“实热”两种，热性体质则不可温补热补，应多摄取寒凉而滋润的食物。

☆**虚热：**时常有烦躁、手足心热、唇色红、口干、舌头嫩红无苔、大便干硬的现象。

☆**实热：**通常体温偏高、容易口渴、面色红、便秘、尿液量少且色泽呈现深黄色者属于这一类型。

“从虚征来看”

可分为气虚、血虚、阴虚、阳虚。气不足使得人容易疲倦，也会使各种器官产生不同病症，若外显表征愈多，表示身体愈不好，需要较长的时间来调整体质。

◎**气虚**→容易感到疲倦、食欲不振、脸色微黄、音量小、大便稀且少喝水，最常在小朋友身上看到的情况就是气虚，可利用人参、黄芪、白术、淮山等药膳来补气。

◎**血虚**→容易发生于女性。除血液循环不良、四肢冰冷、头晕、容易疲累、精神不振外，女性会有月经不调、身体瘦弱、经血量少等症状，应以熟地、当归、红枣等补血中药来入菜食用。

◎**阴虚**→这种体质常见于体型比较干瘦的人，主要的表征有容易便秘、口干舌燥、腰酸背痛、失眠多梦，同时情绪较差、火气大，小便颜色偏黄，甚至身体有时会有烘热感等，因此阴虚是属于偏热的体质。可利用菊花、薏仁等药材来凉补。

◎**阳虚**→会表现出热量不足，容易受寒的生理特征，通常是体型白白胖胖的人多之。容易发生于男性，会有重眠难以起床、脸色偏白、不易口渴、大便稀、容易精神不济，男性易有阳痿、早泄等状况，女性则有月经延迟且量少的情况，可用肉苁蓉等药材来补阳。

【西医说】

人体的各项生理功能，得依赖体内酶的作用才能维持正常运作。据研究，人体的酸碱值需维持在 pH7.2 ～ 7.4，体内酶活动力最佳，身体也才能保持健康状态。因此，西医的研究结果指出，人体体质最好能维持在弱碱状态，偏酸或偏碱性都可能会造成生理失调。

然而人体体质的酸碱变化，最大的影响便源自于我们摄取的食物。至于食物的酸碱度并非靠味觉上的酸甜苦辣来判别，而是其所含矿物质的阴、阳离子种类而定，若食物中含钠、钾、镁、钙的量多于硫、磷、氯等矿物质，则为碱性食品，反之则为酸性。

近年来研究更指出，酸性体质的人容易引发癌症，所以实在不可因一时的饮食偏好，专门嗜食某些食物，如此不但容易营养热量摄取不均衡，一旦体质酸碱失调，健康损失可不是短期内可以弥补回来的。

平时我们就应留意自己每日三餐摄取的食物酸碱性，随时注意自己身体的变化，而且除了饮食以外，熬夜、不吃早餐也容易使体质变酸，所以最好的维持健康的方法，就是生活作息正常、饮食均衡不过量。

酸碱性	含矿物质种类	代表食品
酸性	硫、磷、氯	鸡鸭鱼肉、蛋、香肠、五谷类、面包、面条、甜食、干果类、李子、玉米、白砂糖、饼干、奶油等
碱性	钠、钾、镁、钙	海带、菠菜、茶叶、魔芋、香菇、柑橘类水果、牛奶、杏仁、葡萄干、豆腐等，大部分的蔬果都属碱性

体质和药膳

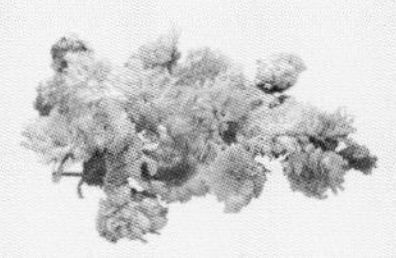

本书中有添加中药材的居家食补料理所选用的药材多为平、温性，药性不会太强烈，也不易产生副作用，采取缓和渐进的方式来调养改善体质。食用时有一些事项请特别注意：

1. 中药虽较西药缓和，适合平常用来调养身体，但毕竟还是“药”的一种，因此必须谨慎食用，尤其小朋友的身体较为娇弱，不能任意进补，也不能将原本给大人食用的药材配方直接喂食小朋友，以免药性太强，反而伤身。
2. 本书药膳类食谱药性均平和，一般人均可食用。但当身体不舒服时，应该先到医院做检查及治疗，以免延误病情。等症状舒缓后，再食用以做身体平常的保健调养较为恰当。
3. 药膳类的食用时机以空腹时食用吸收效果较好，若准备不易，也可于正餐时食用，饭后则不宜。每道配方有一定的药材及药量，不可任意增添其他药材或药量。
4. 食用药膳类料理时，若同时服用其他药物，则须间隔 2 ～ 3 小时，以免药性互相影响，甚至产生副作用。若有感冒及发炎的情况，请勿食用加有中药材的料理。
5. 若能请中医师把脉诊断，则请以医师开立配方为准，并请依照医生嘱咐服用，包括药量、每天服用次数、间隔时间等规定。

● 气虚的种类 ●

◎心气虚：平常稍微动一下就会喘气，如果胸部会不时疼痛，则为心脏功能不佳，容易产生心脏、血管方面的疾病。

◎肺气虚：到了季节变换的时候，常常咳嗽不止，有呼吸急促或气喘毛病，平常容易感冒，却过很久才痊愈，早晚气温低时，有流鼻水或鼻塞情况，属于肺部功能不佳，需加强呼吸系统的保健。

◎胃气虚：吃完饭后有腹胀、腹痛等消化不良症状，或是食欲不振、容易呕吐，通常大便较软，甚至有腹泻状况。

◎肾气虚：通常会有频尿、夜尿的状况，尿液量多且颜色清澈，属于泌尿系统的毛病，长久下来，容易产生膀胱炎、尿道炎等病症。

全家喝健康

Good for everybody！

用美味的健康汤照顾全家人的体力

萝卜菌菇汤

＊ 1 人份 ＊

[材料]

Ⓐ白萝卜—— 30 克
胡萝卜—— 25 克
蟹味菇—— 25 克
泡软黑木耳—— 25 克
新鲜香菇—— 15 克
金针菇—— 10 克
Ⓑ香菜末—— 1 小匙

[调味料]

西红柿汁—— 50 毫升
盐—— 1 小匙
橄榄油—— 1 小匙

[做法]

1 白萝卜、胡萝卜分别去皮后切丝；蟹味菇洗净；黑木耳切丝；香菇去蒂后切丝；金针菇洗净去尾端，备用。

2 锅中加水 600 毫升，大火煮滚后，放入所有材料 A，转中火煮熟后，加入西红柿汁、盐拌匀，再次煮滚后熄火，放入香菜末、橄榄油即完成。

◎健康贴士◎

[功效] 可以调节免疫功能、促进肠道蠕动、预防癌症与高血压。

[提醒] 因为含纤维质多，所以有拉肚子症状的人请勿食用。

[秘诀] 胡萝卜中的维生素需要油脂帮助吸收，因此加入少许橄榄油，或者是用油炒过后再放入汤汁中一起煮，效果更好。

◎营养贴士◎

[菇蕈类] 有低糖、低脂、低胆固醇、低热量、高纤维的特性，含有丰富的 B 族维生素、多糖体、氨基酸及嘌呤物质，有提高免疫力、预防癌症、促进肠道益生菌生长的功效，多吃多健康。

山药洋葱汤 ＊1人份

[材料]
山药—— 50 克
洋葱—— 50 克
芦笋—— 30 克
半天笋—— 20 克
干金针（黄花菜）—— 5 克
枸杞—— 3 克
蔬菜高汤—— 350 毫升

[调味料]
盐—— 1 小匙

76 千卡

[做法]

1 山药切块，洋葱去膜切片，芦笋切段，半天笋切片；干金针用冷水冲洗，再用水泡软后打结；枸杞洗净，泡水 1 分钟后沥干。

2 将蔬菜高汤、山药、洋葱、半天笋放入锅中，大火煮滚后转小火续煮 10 分钟。

3 放入芦笋段、枸杞，再续煮 3 分钟加盐调味即可。

◎健康贴士◎

[功效] 排毒抗菌、发汗退烧、消解疲劳。
[提醒] 洋葱因具刺激性，胃发炎者不宜生食。
[秘诀] 洋葱生熟食皆宜，熟食不宜煮过久，以免破坏其硫化物。

◎营养贴士◎

[洋葱] 据研究，洋葱是最能预防骨质流失的蔬菜；具有抑制组织胺活动的效能，因此能改善气喘过敏症状，降低发作率；含有植物杀菌素，如大蒜素，可消灭如金黄色葡萄球菌、白喉杆菌。感冒时喝碗有洋葱的热汤，可发汗退烧。

茯苓山药汤

＊1人份＊

109 千卡

[材料]

Ⓐ茯苓粉—— 5 克
 枸杞—— 2 克
Ⓑ山药—— 50 克
 西兰花—— 30 克
 蟹味菇—— 10 克
 蜜黑豆—— 10 克

[调味料]

盐—— 1 小匙

[做法]

1 茯苓粉用茶袋包起；山药去皮切丁，西兰花切小朵，蟹味菇洗净；枸杞洗净，泡水 1 分钟后沥干，备用。

2 水 800 毫升，大火煮滚后转小火续煮 10 分钟，放入其他材料，煮熟后加入调味料拌匀即完成。

◎健康贴士◎

[功效] 抗菌、抗氧化、提高免疫力、改善食欲不振。
[提醒] 没有特殊禁忌，一般人均可食用。
[秘诀] 茯苓粉用茶袋包起，可使其在熬煮时慢慢释出，效果更好。

◎营养贴士◎

[茯苓] 经药理研究证实，其具有抗发炎、治咳嗽、抗氧化、调节免疫、抗癌等作用，常吃还能养颜抗衰老。茯苓微甜，药味很淡，泡茶喝也颇有保健功效。
[山药] 对于肺、脾、肾均有不错的保养效果。含有碳水化合物、B 族维生素、维生素 C 及磷、钙等，可改善血液循环，能抗菌、抗氧化、抑制癌细胞、增强免疫力，也可解决食欲不振、消化不良的困扰。

甘薯清毒汤

＊1人份＊

◎健康贴士◎

[功效]促进肠道蠕动、排毒杀菌、美容抗老化、促进新陈代谢。

[提醒]腰果含丰富不饱和脂肪酸、亚麻油酸，但热量高，一次不宜吃太多。

[秘诀]建议连同南瓜皮、籽一起食用更健康，但食用时较麻烦，需将籽的外膜吐掉。此道汤很香甜，可以不加任何调味料。

◎营养贴士◎

[甘薯]含高单位维生素 A 与维生素 B_1、维生素 B_2、维生素 C 及矿物质钙、铁、钾，可促进肠道蠕动、预防肠道疾病，毒素自然不会堆积在体内。

[南瓜]连皮、籽一起食用，可摄取到大量维生素 E 与矿物质锌，杀死尿道中的细菌，让尿液不囤积在体内，借此预防泌尿系统的各种疾病。

[坚果]含有丰富的 B 族维生素及维生素 E，可促进新陈代谢、帮助血液循环。

[莲子]具有镇静安神与滋养作用，可改善失眠、烦躁不安与腹泻，但体质燥热、便秘的人不宜食用。

[材料]

甘薯—— 100 克
南瓜—— 50 克
新鲜莲子—— 20 克
腰果—— 15 克

[做法]

1 甘薯（去皮）、南瓜（连皮、籽）切片，莲子洗净，备用。

2 将所有材料放入锅中，加水 350 毫升，大火煮滚后，转小火续煮 13 分钟即可。

284 千卡

[材料]
杏鲍菇—— 30 克
蘑菇—— 30 克
新鲜香菇—— 20 克
雪白菇—— 20 克
玉米—— 1/4 根
泡软黑木耳—— 20 克
青豆—— 10 克
鸡高汤—— 350 毫升

[调味料]
盐—— 1 小匙

百菇菜汤 ＊ 1 人份 ＊

[做法]

1 将所有菇类洗净切片（香菇需去蒂）；玉米切段，黑木耳切片。

2 将所有材料放入锅中，大火煮滚后，转小火续煮 13 分钟，加盐调味即可。

◎健康贴士◎

[功效] 提高免疫力、促进肠道益生菌生长、降低癌症发生率。
[提醒] 没有特殊禁忌，一般人均可食用。
[秘诀] 烹煮肉类食物时放入菇蕈类同煮，不但提鲜，也能降低胆固醇。香菇买回后，可先利用阳光晒 4 小时以上，吸收维生素 D 后再烹煮，可帮助人体吸收钙质。

◎营养贴士◎

[菇蕈类] 含丰富 B 族维生素、多糖体、氨基酸及嘌呤物质，可提高免疫力、预防癌症发生。还能防止胆固醇沉积在血管中，因此也可预防高血压、心脏病。黑木耳因含胶质，故能将体内杂物吸附并排出体外。

注：若买不到雪白菇，可用蟹味菇代替。

柚子味噌鲑鱼汤

[材料]

海带—— 15 克

鲑鱼—— 100 克

嫩豆腐—— 1 块

葡萄柚—— 1 个

葱花—— 1 大匙

[调味料]

味噌—— 30 克

味淋—— 1 小匙

◎健康贴士◎

[功效] 可提高抗病力、预防感冒、强固牙齿。

[提醒] 如果你正在吃药，请勿同时吃葡萄柚（汁），因为它会影响药物分解，使药物积存在血液内。

[秘诀] 味噌放入汤汁中之后，请在煮沸前熄火，如果加入味噌后又滚沸，不但会流失风味也会变苦。

◎营养贴士◎

[葡萄柚] 含丰富维生素 B_1、维生素 B_2 与维生素 C，及柠檬酸和钙、钾、钠，有助于肉类消化，预防黑斑、消除疲劳；含类黄酮，能有效抑制正常细胞癌变，经常食用可增加身体抵抗力；果皮含有丰富维生素 P，有助于保持牙龈和牙齿的健康。

[味噌] 含酶，有助肝脏解毒。据日本国家癌症研究中心指出，每天喝味噌汤可以降低乳癌与胃癌发生率。而事实上，许多科学家研究日本人长寿与癌症罹患率低的原因，与他们常喝的味噌汤中含有大豆丰富的营养成分也确实有一定关系。不过有高血压与肾功能不好的人，最好选用低盐配方，以免吃进过多的钠。

[做法]

1. 海带用干纸巾轻轻擦掉灰尘，每隔 3 厘米剪一刀但不剪断，用冷水 800 毫升浸泡 2 小时后取出。
2. 鲑鱼切 3 厘米块；豆腐切丁；葡萄柚取表皮黄色部分，切细末后取 15 克，葡萄柚果肉挤汁，并连果肉一起刮下来；备用。
3. 将做法 1 海带水煮滚后转小火，加入味噌拌溶，放入豆腐、鲑鱼以中火煮熟，熄火后加入葡萄柚皮、果肉、汁，再加入味淋略拌匀后盛入碗中，撒上葱花即可。

98 千卡

菊花香蔬汤 ＊1人份＊

[材料]

Ⓐ白菊花—— 3 克

Ⓑ黄瓜—— 50 克

猪肉—— 60 克

干香菇—— 2 朵

红甜椒—— 20 克

韭菜花—— 20 克

Ⓒ鸡高汤—— 350 毫升

[调味料]

盐—— 1 小匙

[做法]

1 白菊花用水洗净后，以冷开水 50 毫升冲泡备用。

2 黄瓜去皮去籽后切块；猪肉洗净切片；干香菇用少许水泡软后，切去蒂头；红甜椒切块，韭菜花切段。

3 将鸡高汤、做法 2 所有材料（除韭菜花外），连同白菊花及泡菊花的汁放入锅中，大火煮滚后转小火续煮 10 分钟。

4 放入韭菜花段，再小火续煮 2 分钟，加盐调味即可。

◎健康贴士◎

[功效] 养肝、明目、清热解毒、消解疲劳。

[提醒] 黄瓜属凉性蔬菜，患有慢性支气管炎或是肠胃不好的人不宜常吃。

[秘诀] 菊花先用水冲洗，以避免农药残留，再以冷开水冲泡后入锅煮，香气才会溶在汤中。

◎营养贴士◎

[菊花] 性凉、味甘，可清热解毒、纾肝解郁、明目健脑；现代西医学证实其可抗菌、抗癌、预防心血管疾病。若脾胃虚者或容易腹泻者应谨慎使用。

[黄瓜] 中医指其有清热解毒、利尿消肿、生津止渴、润肠通便等功效；所含的黄瓜酸，据说可排毒及促进新陈代谢，还能抑制脂肪囤积，难怪被称为美容菜。

菇菇味噌汤 *1人份*

[材料]

胡萝卜——30克
金针菇——30克
杏鲍菇——20克
珊瑚菇——20克
泡软黑木耳——20克
油菜——30克
日式高汤——350毫升

[调味料]

味噌——1大匙

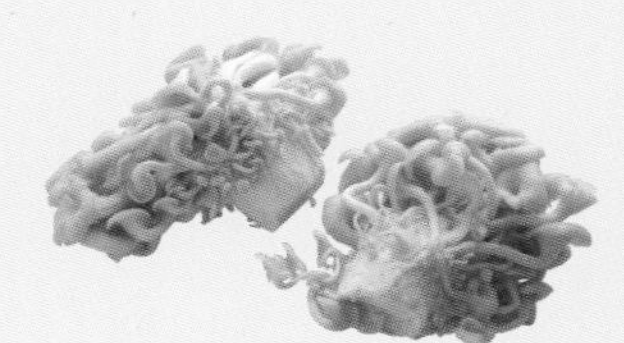

[做法]

1 胡萝卜、黑木耳切细条；杏鲍菇切片；珊瑚菇、金针菇去尾端后分小朵。

2 将日式高汤、做法1所有材料放入锅中，大火煮滚后，转小火续煮6分钟。

3 放入油菜，菜煮熟后，加味噌拌匀调味即可。

◎健康贴士◎

[功效]健康肠道、排除体内毒素、促进血液循环、增加抗体。

[提醒]黑木耳含有抗血小板聚集作用的腺嘌呤核苷，因此女性经期间请不要食用。

[秘诀]挑选新鲜的或泡发的黑木耳时，以色泽较黑且具弹性的为佳；干品则要注意是否有受潮情形。

◎营养贴士◎

[黑木耳]含大量维生素B、钙、铁，具有活血补血、促进血液循环、降低胆固醇的好处；含丰富纤维素和植物胶质，能够促进肠胃蠕动，帮助肠道脂肪排泄，有利于体内大便中有毒物质的及时清除；含多糖体，具有免疫特性，能使体内的球蛋白增加，进而增加抗体。

[油菜]不但能促进肠道健康，而且富含的维生素A、维生素C含量很高，能达到防癌功效，更能增加体内胶原蛋白吸收，使人不易老。

鲑鱼蔬菜汤 ＊1人份

[材料]
鲑鱼—— 80克
竹笋—— 35克
胡萝卜—— 30克
新鲜香菇—— 1朵
豆苗—— 20克
蔬菜高汤—— 350毫升

[调味料]
盐—— 1小匙

[做法]

1 将鲑鱼、竹笋、胡萝卜（去皮）、香菇（去蒂）切片，豆苗洗净。

2 将蔬菜高汤、竹笋片、胡萝卜片放入锅中，大火煮滚后，转小火续煮10分钟。

3 放入其余材料，再续煮分钟，加盐调味即可。

◎健康贴士◎

[功效]预防肠道衰老、使毒素不留体内、强化脑力和抵抗力。
[提醒]鲑鱼好吃又健康，但若是烟熏鲑鱼，记得吃时不能搭配含有亚硝酸盐的油菜，易引发致癌危险。
[秘诀]煮鱼汤时最好在水煮开后再放入鱼肉，腥味才不会那么重。用手指轻按鲑鱼，若肉很快就弹回则表示新鲜。

◎营养贴士◎

[鲑鱼]为深海鱼油Omega-3的良好来源，可降低心血管疾病、抗氧化；含丰富色氨酸，能减轻压力、稳定情绪；也是优质的动物性蛋白质来源，可以强化脑力和抵抗力。

184千卡

黄豆花菜汤 *1人份*

[材料]
Ⓐ黄豆—— 25克
海带芽—— 10克
红枣—— 2颗
Ⓑ菜花—— 50克
西兰花—— 50克
新鲜香菇—— 1朵

[调味料]
盐—— 1小匙
味淋—— 1小匙

[做法]

1 黄豆洗净，泡水4小时后沥干水分；海带芽泡水去除盐分后，捞起沥干，切小段。
2 菜花、西兰花分别洗净后切小朵；红枣、香菇（去蒂）洗净；备用。
3 材料Ⓐ放入锅中，加水1200毫升，大火煮滚后，转小火续煮30分钟，放入材料Ⓑ，续煮5分钟，加入调味料拌匀即完成。

172 千卡

◎健康贴士◎

[功效] 强化骨质，预防腰酸背痛现象。
[提醒] 有痛风症状或尿酸较高的人请勿食用。
[秘诀] 香菇买回后可在阳光下晒4小时以上，吸收维生素D后再煮食，有助人体吸收钙质。

◎营养贴士◎

[黄豆] 含多种丰富营养素，能调节生理作用、保护神经系统，所含的植物性蛋白质，能够增加免疫力、降血脂。另外，其所含的雌激素成分，对促进骨骼健康有一定功效。中医认为，黄豆性寒味甘，有止痛解毒功效。食用黄豆做成的各类食品，如味噌、豆浆、豆腐等，均有不错的效果。

西红柿辣味牛肉汤 *1人份*

[材料]

Ⓐ牛肉—— 50 克
小黄瓜—— 30 克
小西红柿—— 20 克
罐头颗粒西红柿—— 3 大匙
魔芋卷—— 3 个
Ⓑ月桂叶—— 1 片
红辣椒—— 1 根
大蒜片—— 1 小匙
法香——少许

[调味料]

盐—— 1 小匙

[做法]

1 牛肉洗净切丝；小黄瓜切圆薄片；小西红柿去蒂切片；罐头西红柿切片；魔芋卷洗净汆烫；红辣椒去蒂切段。

2 将所有材料Ⓐ、Ⓑ（除小黄瓜、法香外）放入锅中，加水 350 毫升，大火煮滚后，转小火续煮 6 分钟。

3 放入小黄瓜片，再小火续煮 2 分钟，加盐调味，盛碗后装饰法香即可。

◎健康贴士◎

[功效] 杀菌、抗氧化、防癌，促进肠道清洁。
[提醒] 辣椒具刺激性辣味，肠胃道溃疡、发炎者请勿食用。
[秘诀] 辣椒只要挑选鲜红肥厚品种，且刮除籽，即可去除刺激辣味。

◎营养贴士◎

[红辣椒] 含丰富维生素 C、维生素 P 及辣椒素，能促进血液循环及唾液分泌，也可杀菌、抗氧化。
[西红柿] 含有多种抗氧化强效因子，像番茄红素、胡萝卜素、维生素 C 与维生素 E，不仅能保护视力、使细胞不受伤害，还能修补受损的细胞，并有抑制细菌、清热解毒的作用。不管是生吃还是烹煮，都可以加入些许的橄榄油，帮助溶出更多的番茄红素！

456 千卡

甘薯香栗桂圆汤 ＊1人份＊

[材料]
甘薯 —— 100 克
干栗子—— 30 克
新鲜百合—— 30 克
桂圆肉—— 50 克

[做法]

1 甘薯去皮后切小丁；栗子洗净，用水泡软后沥干水分；百合、桂圆肉洗净，备用。

2 栗子放入锅中，加水 800 毫升，大火煮滚后，转小火续煮 10 分钟，放入其他材料，煮至栗子熟软即完成。

栗子泡水方法

1 将栗子泡入热水中，水冷了再换热水，如此反复大约 3 小时，可以将栗子变柔软。

2 泡发后的栗子中间卡缝的内层皮会因为吸水膨胀慢慢浮起，可用水冲或用手除去。若卡得较深，可用牙签挑出来，请小心不要将栗子捏碎。

◎健康贴士◎

[功效] 有润肺、清心、安神、增加抵抗力的效果。
[提醒] 容易拉肚子的人请勿食用。
[秘诀] 桂圆肉使用前可用冷开水稍微冲洗一下，去除表面的灰尘及杂质，但不可浸泡，以免营养素流失。

◎营养贴士◎

[桂圆] 含有糖类、蛋白质等营养素，可以强健身体、增加抵抗力，还有宁神安眠的效果，总体来说，对于滋补、抗菌、抗压及预防癌症等而言，桂圆是一种不错的食材。
[根茎类蔬菜] 多含丰富的维生素 C、钙、钾及膳食纤维，可改善消化不良，能使排便顺畅。

明日叶蔬菜汤 ＊1人份＊

[材料]
牛蒡——30克
西红柿——30克
西兰花——30克
海带芽——1小匙
当归——5克
明日叶茶包——1包

[调味料]
盐——1小匙

[做法]

1 牛蒡去皮切段，西红柿切块，西兰花分切小朵；当归用冷水冲洗过。

2 海带芽用水（可盖过水量）浸泡约5～10分钟，至膨胀还原，捞起拧干备用。

3 将明日叶茶包、冷水500毫升及做法1所有材料放入锅中。

4 大火煮滚后，转小火续煮13分钟，加入海带芽拌开，加盐调味即可。

◎健康贴士◎

[功效]增强免疫功能、恢复体力、促进代谢、排除毒素。
[提醒]有感冒或发热症状者勿食。
[秘诀]当归煮前一定要用冷水冲洗过，且需冷水即放进去煮，若是水滚开才加入，会有苦味。

◎营养贴士◎

[明日叶]又名明日草，因其叶子今日摘，明日又长而得名。其生命力强，可增强免疫力、促进新陈代谢、排除体内毒素。平日喝茶睡不着的人，可用明日叶茶包泡茶养生，便没有失眠的顾虑。
[当归]可抗炎、抑菌，具有抗脂质过氧化作用，能消除自由基，增强免疫功能、恢复体力；亦可促进红细胞生成，可抗贫血、补血调经。

明日叶

参须鸡茸汤

＊1人份＊

[材料]

Ⓐ参须—— 1 根
党参—— 3 克
枸杞—— 3 克
Ⓑ鸡肉丁—— 50 克
冬瓜—— 50 克
新鲜玉米粒 —— 15 克
Ⓒ鸡高汤—— 350 毫升

[调味料]

米酒—— 1 大匙
盐—— 1 小匙

[做法]

1 参须、党参用冷水洗净，枸杞洗净泡水 1 分钟后沥干；冬瓜洗净切丁。

2 材料Ⓐ再以冷水 100 毫升加米酒浸泡 30 分钟。

3 将鸡高汤、做法 2 药材及米酒水放入锅中，大火煮滚后，小火续煮 10 分钟。

4 加入鸡肉丁、冬瓜丁、玉米粒，再小火续煮 8 分钟加盐调味即可。

◎健康贴士◎

[功效] 提升免疫力、增强体力与抗病力。

[提醒] 补益类中药如参须、党参、黄芪等因为易上火，有感冒征兆者都忌服，以免更严重。党参要避免和萝卜及茶叶等一起食用。

[秘诀] 此道中药浸泡后再连同浸泡汁液入锅煮，易发挥功效。本汤品加酒浸泡，药味较快释出也较香，且党参较粗，浸泡过可缩短熬煮的时间。

◎营养贴士◎

[参须、党参] 性平、味甘，补脾益肺，具造血与提升免疫力功能，可增强人体抗病力，与富含蛋白质及维生素 A、B 族维生素的鸡肉同煮，能增强体力，并具防止老化功效。

苹果花椰薏仁汤 ＊1人份＊

[材料]
山药—— 50 克
西兰花—— 50 克
苹果—— 50 克
薏仁—— 30 克
枸杞—— 5 克

[调味料]
盐—— 1 小匙

[做法]

1 薏仁洗净，以清水浸泡 4 小时（或隔夜）；枸杞洗净，泡水 1 分钟后沥干。

2 山药去皮后切块；西兰花分切小朵；苹果去籽后切小块，备用。

3 薏仁放入锅中，加水 500 毫升，大火煮滚后转小火续煮 20 分钟，再加入其他材料煮熟，最后加入盐调味即完成。

◎健康贴士◎

[功效] 有纾解压力、帮助睡眠的效果。
[提醒] 薏仁属凉性，体质虚冷的女生不宜常吃，生理期、怀孕期间请避免食用。
[秘诀] 苹果需连皮一起使用，因此要清洗干净，切开的苹果容易氧化变黑，泡在盐水中即可避免。

◎营养贴士◎

[苹果] 含丰富的维生素 C，是天然的氧化剂，可保持人体免疫系统的正常运作；含丰富果胶纤维，分解后产生半乳糖醛酸，有助于抑制肠道病菌的生长；含丰富苹果多酚等，有助脑部功能提升。若是白天过度疲劳，导致肌肉酸痛无法入眠的人，可以在睡前吃 1 个苹果或 1 根香蕉，有舒缓安眠、解除疲劳的效果。

201 千卡

香茅柠檬鱼汤

＊1人份＊

139 千卡

[材料]
鲷鱼片——60克
蘑菇——30克
红甜椒——15克
青豆——20克
干燥香茅——2克
柠檬——1个
香菜——少许

[调味料]
盐——1小匙
糖——1小匙

[做法]

1. 鲷鱼片洗净切小片；蘑菇切片、红甜椒切丁；柠檬切下1片，其余挤汁备用。
2. 将香茅、蘑菇片放入锅中，加水400毫升，大火煮滚后，转小火续煮5分钟。
3. 捞出香茅，加入鲷鱼片、红甜椒丁、青豆，再小火续煮8分钟。
4. 加入柠檬汁、调味料拌匀后，再盛碗装饰上香菜、柠檬片即可。

◎健康贴士◎

[功效] 抗菌、抗氧化、强化免疫力、促进新陈代谢、促使身体胶原蛋白合成。
[提醒] 胃不好的人请勿空腹喝柠檬汁。
[秘诀] 香茅需酌量使用，以免造成苦味。

◎营养贴士◎

[柠檬] 富含维生素C和维生素P、有机酸、柠檬酸，是碱性食品，具有抗菌消炎、抗氧化、强化免疫力、促进肌肤新陈代谢等功效；建议平时可多喝热柠檬水保养身体，感冒时可以泡杯蜂蜜柠檬水缓解喉咙的不舒服。
[鲷鱼] 提供身体好吸收的蛋白质与维生素B、烟碱酸等营养素，能维持神经系统和大脑功能正常，可消除疲劳、降低血压，使心情保持愉快。

杂粮鲜蔬汤

＊1人份＊

[材料]

Ⓐ大麦——10 克
　糙米——10 克
　小麦——10 克
　薏仁——10 克
Ⓑ甘薯叶——25 克
　胡萝卜——20 克
　绿豆芽——20 克
　蟹味菇——20 克
Ⓒ蔬菜高汤——350 毫升

201 千卡

[调味料]

盐——1 小匙

[做法]

1 材料Ⓐ洗净，泡水 4 小时后沥干；胡萝卜切丝。

2 将蔬菜高汤、做法 1 全部材料放入锅中，大火煮滚后，转小火续煮 18 分钟。

3 放入甘薯叶、绿豆芽、蟹味菇，煮熟后加盐调味即可。

◎健康贴士◎

[功效] 促进肠道健康、改善体质、提高免疫力。
[提醒] 有肾脏疾病的人建议不要吃杂粮全谷类；孕妇不可吃薏仁；杂粮较不易消化，建议幼儿与老人少吃。
[秘诀] 杂粮类煮前一定要长时间浸泡，让水分子渗入，以缩短烹煮时间。

◎营养贴士◎

[杂粮] 含维生素 B、维生素 E、钙质、膳食纤维及必需氨基酸，多吃能增加矿物质、纤维质及优良蛋白质的摄取，能促进肠道健康、预防老化，可以改善体质，提高身体免疫力。

白菜冬菇煲 ＊1人份＊

[材料]
大白菜—— 50 克
小圆白菜—— 30 克
胡萝卜—— 20 克
豆皮—— 20 克
香菇—— 15 克
蘑菇—— 15 克
泡软黑木耳—— 15 克
枸杞—— 10 粒

[调味料]
细味噌—— 1 大匙

[做法]

1 大白菜切块，小圆白菜切半，胡萝卜切片，豆皮切段，香菇泡软切片，蘑菇切丁，黑木耳切丝；枸杞洗净，泡水 1 分钟后沥干，备用。

2 所有材料放入锅中，加水 1000 毫升，大火煮滚后，转小火续煮 20 分钟，熄火后加入调味料拌至融化即完成。

◎健康贴士◎

[功效] 增强抵抗力、预防便秘、排除有害物质；味噌含酶，有助肝脏解毒。
[提醒] 没有特殊禁忌，一般人均可食用。
[秘诀] 可加入腌梅子，效果更佳。

◎营养贴士◎

[白菜] 属于十字花科蔬菜，对于抗氧化有不错的功效，含有丰富的维生素 A、维生素 C 及矿物质钙、钾等营养素，可以增强抵抗力、预防高血压；含有大量粗纤维，可促进肠壁蠕动，帮助消化，防止大便干燥，促进排便，让体内有害物质排除。

豆浆花椰浓汤 ＊1人份＊

[材料]

黄豆—— 30 克
玉米—— 1/4 根
小西红柿—— 50 克
西兰花—— 30 克
干瓢—— 10 克

[调味料]

干燥法香—— 1 小匙
盐—— 1 小匙

[做法]

1 黄豆洗净浸泡一晚，取出沥干，加水 400 毫升打成豆浆。

2 玉米切块，西红柿去蒂对切，西兰花分切小朵，干瓢泡软后切小段。

3 将做法 1、做法 2 所有材料放入锅中，大火煮滚后，小火续煮 13 分钟。加盐、法香调味即可。

◎健康贴士◎

[功效] 清除体内毒素、修补身体细胞、改善头痛感冒。
[提醒] 自己打豆浆现喝较营养，有人会将黄豆发芽后再打，此时酶更高，当然更健康。但是要记得，浸泡发芽后的黄豆普林较低，因为都跑到水里去了，所以浸泡发芽的水含高普林，一定要倒掉。
[秘诀] 自己打豆浆要买非基因改造黄豆，煮前一定要先洗净并浸泡 8 小时以上，容易煮熟又较香。买市售打好的清浆来煮亦可。

◎营养贴士◎

[豆浆] 含丰富蛋白质、维生素 E、异黄酮、卵磷脂、水溶性纤维及烟碱酸和钙、磷、铁、锌等多种矿物质，可维持皮肤的完整，防癌健脑，提高身体对病菌的防御功能。
[法香] 对于肠胃不适、安定神经、促进血液循环都有很好的帮助，医学研究证明，法香能消解腹胀并具杀菌作用，可改善呼吸道疾病、头痛、感冒、失眠、神经性疲劳等。

土豆浓汤 ＊1人份＊

◎健康贴士◎

[功效]舒缓胃痛、调整虚弱体质。
[提醒]没有特殊禁忌，一般人均可食用。
[秘诀]土豆也可连皮一起放入锅中蒸熟后再压碎成泥状，但花时间较长。

◎营养贴士◎

[土豆]是抗衰老的碱性食物，含钾量高，可促进肝脏机能，对人体许多疾病（包括心脏病）都有很好的预防效用，同时，也是使人恢复活力的营养元素，可调整虚弱的体质。还可以保养脾胃、帮助消化。

[材料]

土豆—— 100 克
西红柿—— 30 克
胡萝卜—— 20 克
蘑菇—— 20 克
青豆—— 20 克
红甜椒—— 10 克
黄甜椒—— 10 克

[调味料]

鲜奶油—— 2 大匙
盐—— 1 小匙

[做法]

1 土豆、胡萝卜分别去皮后切小丁；西红柿、蘑菇、红甜椒、黄甜椒分别切小丁，备用。
2 土豆放入锅中，加水600毫升，煮至熟软后，连水放入果汁机中搅打成糊状。
3 将土豆糊倒入锅中，煮滚后放入其他材料一起煮熟，再加入调味料拌匀即完成。

214 千卡

131 千卡

[材料]

南瓜—— 80 克
豆腐—— 50 克
柳松菇—— 30 克
四季豆—— 25 克
罐头白果—— 5 粒
鸡高汤—— 350 毫升

[调味料]

盐—— 1 小匙

白果南瓜汤 * 1人份 *

[做法]

1 南瓜带皮切薄片，豆腐切细条，柳松菇、四季豆切段。

2 将鸡高汤、做法 1 所有材料、白果放入锅中，大火煮滚后，小火续煮 8 分钟，加盐调味即可。

◎健康贴士◎

[功效] 杀菌、增强抗病力、止咳润肺。

[提醒] 白果须煮熟吃，且一次食用勿超过 10 粒，以防胀气及中毒。

[秘诀] 吃素者可改为蔬菜高汤，炖出来味道清香甜美。

◎营养贴士◎

[豆腐] 所含的类黄酮及多种人体必需氨基酸，有解毒利尿、延缓衰老、预防肿瘤的功效。

[白果] 亦称银杏，能固肾补肺，有祛痰、止咳、定喘、抗菌等效用，含人体必需氨基酸，可合成胶原蛋白。具小毒，毒素主要集中在胚和种皮内，一般中毒剂量为 10 ~ 50 粒，3 ~ 5 岁孩童不能超过 5 粒，成人则为 10 粒。为预防中毒，不宜多吃，更不宜生吃。

莲子南瓜浓汤

＊ 2 人份 ＊

[材料]

南瓜—— 120 克
薏仁—— 30 克
新鲜莲子—— 30 克
菜花—— 30 克
青椒—— 20 克

[调味料]

盐—— 1 小匙

[做法]

1 薏仁洗净，泡水 4 小时后沥干水分。

2 南瓜连皮、籽一起切小丁；菜花切小朵；青椒切小丁；备用。

3 薏仁、南瓜放入锅中，加水 500 毫升，大火煮滚后，转小火续煮 15 分钟，熄火后，加入冷水 200 毫升，再放入果汁机中搅打成泥状。

4 将做法 3 倒入锅中煮滚，再放入其他材料煮熟，加入调味料拌匀即完成。

◎健康贴士◎

[功效] 保养眼睛与皮肤、消除自由基、强化血管与身体抵抗力。

[提醒] 薏仁属凉性，体质虚冷的女生不宜常吃，女性生理期、怀孕期间请避免食用。

[秘诀] 南瓜的籽及皮均含有丰富营养素，建议一起食用，若不喜欢，可打成泥状后稍微过滤，去除较粗的纤维。

◎营养贴士◎

[南瓜] 含有非常丰富的维生素 A、维生素 B_1、维生素 C，可以保养眼睛及皮肤、防止自由基损害身体细胞、增加身体抵抗力，还可以强化血管，并有保护肝肾的功能。中医则认为，南瓜性温味甘，有补中益气、止咳消痰的好处，多食有益。

300 千卡

菠菜松子糯米粥 ＊2 人份＊

[材料]

糯米—— 100 克
猪绞肉 (胛心肉) —— 100 克
菠菜—— 100 克
胡萝卜丁—— 50 克
松子—— 20 克

[调味料]

盐—— 1 小匙
柴鱼粉—— 1/2 小匙
味淋—— 1 小匙

[做法]

1 糯米洗净，泡水 6 小时后沥干水分；菠菜洗净切小段；备用。

2 糯米、胡萝卜丁、松子放入锅中，加水 1000 毫升熬煮成粥状，加入猪绞肉、菠菜煮熟，再加入调味料拌匀即完成。

◎健康贴士◎

[功效] 消除疲劳、增强体力、提升注意力、改善腹泻。
[提醒] 糯米黏性强，不易消化，消化不良的人请少量食用且不要长期食用。
[秘诀] 糯米必须泡过水吸收水分才容易煮透。

◎营养贴士◎

[糯米] 可温补脾胃，对于哮喘、支气管炎等患者与恢复期的病人及体虚的人，都是很好的营养食品。
[菠菜] 含有铁质、钙质、胡萝卜素和维生素 C；一个人一天只需吃 100 克菠菜，就能满足对维生素 C 的需要量。

豆浆蒲烧鳗鱼面

＊ 1 人份 ＊

[材料]

Ⓐ胡萝卜面条—— 50 克 (1 卷)
豆浆—— 380 毫升
蒲烧鳗—— 100 克
Ⓑ西兰花—— 30 克
胡萝卜—— 30 克
新鲜香菇—— 1 朵
金针菇—— 30 克

[调味料]

盐—— 1 小匙

[做法]

1 将西兰花洗净分小朵；胡萝卜去皮切片；香菇去蒂，表面切十字花纹；金针菇洗净去尾端，备用。
2 烧滚一锅水，放入面条煮熟后捞出，放入大碗中备用。
3 豆浆放入锅中煮滚，放入材料Ⓑ煮熟，加盐拌匀，倒入做法 2 的碗中，再放上烤热的蒲烧鳗即可。

◎健康贴士◎

[功效] 可补充营养、强化虚弱体质、增强脑力。
[提醒] 没有特殊禁忌，一般人均可食用。
[秘诀] 市面上有许多加入健康食材揉制的面条，如南瓜、红曲、绿藻等，都可以使用。

◎营养贴士◎

[蒲烧鳗] 含有人体无法自行合成的高量 DHA、EPA 不饱和脂肪酸，能促进脑部运作良好、预防心血管疾病；含丰富的蛋白质、维生素 A、B 族维生素、维生素 E、钙质等营养素，有益于视力保健，增强体力、强化虚弱体质。
[胡萝卜] 含有丰富的 β－胡萝卜素，可减少体内自由基的存在量，可以保护人体肺部的黏膜组织，预防流行性感冒的侵袭。

420 千卡

雪莲子甜汤 *1人份*

[材料]
雪莲子—— 20克
红枣—— 6颗
蜜红豆—— 2大匙

[调味料]
冰糖—— 100克

[做法]

1 雪莲子洗净，放入锅中，加水300毫升浸泡4小时，再加水600毫升，用大火煮滚，转小火续煮30分钟，加入冰糖80克煮至融化。

2 红枣洗净，加水泡软后取出，放入锅中，加水200毫升、冰糖20克，用小火煮至红枣表面光亮，即为蜜红枣。

3 将做法1舀入碗中，加入蜜红枣、蜜红豆即可。

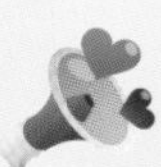

◎健康贴士◎

[功效] 可提升免疫力，改善压力造成的睡眠品质不佳现象。
[提醒] 喉咙常有痰的人请勿食用。
[秘诀] 雪莲子必须经过浸泡才容易煮透，煮好后会因胶质释出呈现自然的浓稠状。

◎营养贴士◎

[雪莲子] 富含胶质、蛋白质、藻角质、氨基酸，煮后光滑透明、口感圆润，有抗菌活血、降血压、抗老化、保护心血管等功效，能保肝润肺、养颜美容。

三薯
薏仁豆沙汤

＊2人份＊

[材料]

薏仁—— 50克
芋头—— 50克
甘薯—— 50克
山药—— 50克
红豆沙—— 100克

[做法]

1 薏仁洗净，泡水4小时，沥干水分备用。

2 芋头、甘薯、山药分别洗净，去皮后切小丁。

3 薏仁放入锅中，加水1000毫升煮软，再加入红豆沙拌匀煮滚，最后放入做法2材料，煮至熟软即完成。

◎健康贴士◎

[功效]可提升免疫力、帮助消化、预防便秘、软化皮肤角质。

[提醒]薏仁属凉性，体质虚冷的女生不宜常吃，生理期、怀孕期间请避免食用。

[秘诀]任何时刻都可食用，不管热食或冰后再吃都很不错。

◎营养贴士◎

[薏仁]有使皮肤光滑、消除斑点的美容功能。可促进体内水分的新陈代谢，能利尿、消肿。薏仁的萃取物则具有增进免疫力、抗过敏等效用。据研究发现，每天食用薏仁50～100克，可有效降低血液中胆固醇和甘油三酯的浓度。

281千卡

202 千卡

姜味炖奶 *1人份*

[材料]

嫩姜5克、全脂牛奶200毫升、蛋白1个、冰糖15克

[做法]

1 牛奶、冰糖放入小锅加热至锅边冒细泡后熄火；姜用磨泥器磨成泥状。

2 蛋白、姜泥放入大碗中，以打蛋器贴着碗底拌匀；再将热牛奶倒入，边倒边拌匀，过滤至蒸碗中。

3 放入煮滚水的蒸锅以中火蒸3分钟，熄火再焖2分钟即完成。

◎健康贴士◎

[功效]补肺益胃、预防感冒、补充元气。

[提醒]没有特殊禁忌，一般人均可食用。

[秘诀]姜泥也可改成只取用姜汁，分量可依个人喜欢的程度增加。

◎营养贴士◎

[姜]对肺、胃有助益，能促进胃液分泌、增加抵抗力；可增加新陈代谢，若有感冒迹象，可喝姜汤来保持身体温度，因此可预防感冒并治疗初期感冒；可以解除毒素，和食物一起烹调能杀死霍乱菌、金黄色葡萄球菌等害菌。

香茅蜜茶 *2人份*

[材料]

干燥香茅5克、金橘20克、柠檬1/2个、蜂蜜1大匙

[做法]

1 香茅放入锅中，加水800毫升，大火煮滚后，转小火续煮15分钟，过滤后待凉。

2 金橘、柠檬分别榨汁，加入做法1香茅汁中，再放入蜂蜜拌匀即可。

◎健康贴士◎

[功效]有纾解压力、缓解感冒不适的功效。

[提醒]容易拉肚子的人请勿食用。

[秘诀]使用新鲜或干燥的香茅均可，干香茅在一般超市即有售。

◎营养贴士◎

[香茅]具消肿止痛功效，感冒头痛时，喝碗香茅煮的蔬菜汤或热茶可舒缓疼痛。

[柑橘]包括柠檬、金橘、橘子等，含丰富维生素C，有抗氧化、消除疲劳、纾压安眠等功效。

63千卡

五谷豆奶 ＊2人份＊

[材料]

Ⓐ黄豆20克、黑豆20克、红豆20克、扁豆20克、绿豆20克

Ⓑ芝麻5克、牛奶200毫升、冰糖30克

[做法]

1 材料Ⓐ洗净，浸泡清水一晚，隔夜后会稍微发芽，沥干水分，放入果汁机中，加芝麻及300毫升水搅打均匀。

2 倒入锅中，用小火煮滚，煮时须不停搅拌，最后加入牛奶、冰糖拌匀即完成。

◎健康贴士◎

[功效] 可增加记忆力、提升抵抗力。

[提醒] 容易拉肚子的人或会胀气的人请勿饮用。

◎营养贴士◎

[豆类] 高纤维、低脂肪、富含维生素，含有丰富的抗氧化物质，可维持血管健康、抑制自由基，具有抗癌和促进肠胃蠕动的功效。

玫瑰绿茶 ＊1人份＊

[材料]

玫瑰花5克、绿茶茶包1包、梅汁20毫升、热开水(65℃)500毫升、蜂蜜10毫升

[做法]

玫瑰花、绿茶茶包放入保温杯中，冲入热开水，加盖浸泡5分钟，过滤出茶汁，加入梅汁拌匀，饮用前加入蜂蜜调味即可。

◎健康贴士◎

[功效] 任何时刻都可当成饮用水喝，可帮助消化、行气解郁、提升免疫力。

[提醒] 请勿空腹饮茶，会刺激胃壁引起不适。睡眠之前不宜饮茶，以免影响休息。

◎营养贴士◎

[绿茶] 含儿茶素、绿茶多酚、锌，具抗菌、醒脑、吸收活性氧、抗氧化等优点。

宝贝喝健康

Good for children !

用营养的健康汤维持小朋友的活力

小朋友药膳的十个 Q&A

Q1 小朋友可以吃药膳吗？有没有年龄的限制呢？

可以的，若能通过平日饮食来调理体质，其实是有帮助的。尤其是开始进入幼儿园的小朋友，与外界接触的时间变多，感染病菌的机会也会变得较多，因而对健康的影响也会比较大。妈妈可以多花些心思，在一些小朋友喜欢吃的菜肴中加上温和的中药材，来增加小朋友的抵抗力。

Q2 平常若想帮小朋友进补可以吗？

可以的，不过不能等同于大人的进补方式，给小朋友进补要从提升免疫力着手。因为小朋友各方面的发育都还未完全成熟，代谢能力也跟大人不同，所以要以温和的药材来帮小朋友进补。另外，在一些气候潮湿的地区，很多小朋友形成了过敏体质，甚至很多小朋友一出生就有先天性免疫系统不良的问题，这时候就必须从平日的膳食中入手，并维持正常作息，必要时还要配合身体检查，随时注意身体状况，不能一味以大人认定的药膳补身方式来为小朋友进补。若小朋友身体健康、发育良好，则偶尔可以借由温和的药膳，并配合均衡饮食及正常作息来增强抵抗力，并不需特意为小朋友进补。

Q3 哪种体质的小朋友需要食用药膳呢？

先天免疫系统不良、体弱多病、易感冒、支气管弱、发育迟缓、脾胃虚弱、食欲不振、面黄肌瘦的孩子，可以适量给予药膳调理，以改善体质，预防疾病发生，并可增强抵抗力。不过在进补前，若有生病情况，必须先把原先的病治好，再来食用药膳。在生病期间不可以进补，且进补前也必须先了解小朋友的体质，以便采用适合的进补方式。

Q4 用药膳食疗的方式来调理体质，大概需要吃多久？

利用药膳调理体质，必须耐心长期服用，不可操之过急，因为药膳不是用来治病的，而是用来调理体质、提升免疫力的，为的是让小朋友健健康康的成长。通常利用药膳来改善体质，快则 2 周，慢则半年，这需视个人体质而定。

Q5 药膳可以用来治病吗？

有疾病且不了解其严重性，或是在不清楚小朋友体质的情况下，都必须配合医师诊疗，千万不能自行服用偏方。生病是一定要看医生的，药膳只能让症状减轻，但不能用来治病。即使要用药膳为小朋友调养，也必须根据每个人的不同体质来对症下药，这样才能达到效果，尤其对一些本来身体免疫力就不好的小朋友，更需要经由医生诊断后开出适合的药方，才能达到预期效果。

Q6 为孩子制作药膳有什么样的原则呢？

学龄前的小朋友因成长快速，生理机能各方面发育较快，对营养需求比成年人多，但因五脏六腑比较脆弱，故药膳的制作，应以天然营养的食材搭配温和类药材，且种类不要太多，分量也必须减量或以医生的医嘱为最高原则。

Q7 给孩子吃的药膳要用哪种方式烹调比较好呢？

若要以药膳来帮小朋友调养体质，必须考量小朋友的接受度，通常若依照一般熬药方式，甚少小朋友能完全接受又黑又苦的药汁，所以必须借由药材和食材组合而成的药膳，来增加小朋友的接受度，并在烹调方式上做一些改变，用料理技巧影响色香味，使药膳容易让小朋友接受。一般来说，清炖、水煮的烹调方法，是最适合烹调小朋友药膳的方式，清澈的汤汁更易让小朋友接受。

Q8 什么样的药膳小朋友才不会排斥呢？

对小朋友来说，药膳奇特的味道常常让他不愿意尝试。若想让孩子接受药膳，就必须做到色香味俱全且多变化。比如利用原本颜色、口味就较重的菜色，像卤肉肉燥，让食物中即使添加了药材，也不容易影响味道；或是将药材用棉布袋包起后加水熬煮，只取药汁来做后续烹调，这样可以将药材全部隐藏起来，颜色也不致因久煮而呈浓黑色，这样小朋友就不会抗拒，也才能长期食用。

Q9 适合小朋友的中药材有哪些？

由于小朋友的五脏六腑还未完全发育成熟，比较脆弱，所以在选择药材上，以性平（属性较平和）味甘（味道较甘甜）为宜，比如黄芪、红枣、枸杞、杏仁、茯苓、山药、莲子、糯米、桂圆肉等，并搭配均衡的鱼肉豆蛋奶类。若有特殊情况，就必须给予其适合属性的药材作为调和之用，如体质较燥热的小朋友，可选择一些微凉性的药材来搭配。至于药味辛辣或苦寒者，都属于不适宜小朋友吃的中药，比如黄连、夏枯草等。

Q10 什么时候吃药膳比较好呢？

吃药膳最好是搭配正餐食用，或是在空腹时食用，比如早餐或是下午肚子饿时作为点心食用，都是吸收的最好时机。另外，也须依药膳的功效来决定，比如有些属于会利尿的药膳，最好在白天食用，以免半夜小朋友尿床或爬起来上厕所，否则对小朋友的睡眠品质有不好的影响。

益气排骨汤 ＊2人份＊

[材料]

Ⓐ黄芪——3钱
当归——2钱
红枣(去籽)——6钱

Ⓑ小排骨——150克
胡萝卜——100克
鲜干贝——3颗
泡软黑木耳——1朵

Ⓒ九层塔——4片

[调味料]

盐——1小匙
味淋——1小匙

[做法]

1 黄芪、当归分别洗净，用棉布袋包起；红枣洗净，备用。

2 排骨洗净，放入热水中汆烫后，再捞出用冷水洗净；胡萝卜去皮、洗净，切小块；黑木耳洗净，切小块，备用。

3 将做法1的药材包和水2000毫升放入锅中以大火煮滚，放入排骨、胡萝卜、黑木耳、红枣，转小火熬煮40分钟后，取出药材包。

4 转大火再煮滚，放入鲜干贝，再用小火煮3分钟，加入调味料拌匀，盛入碗中后放入九层塔即可。

◎健康贴士◎

[功效]平日当正餐的配汤食用，可以渐渐改善虚弱体质、预防感冒。

[提醒]如果已经感冒或有发烧症状、伤口发炎时，不能食用当归。

[秘诀]中药材烹煮前建议用清水冲掉灰尘，不需搓洗。

◎营养贴士◎

[药材]利用当归补血，黄芪提升免疫力，红枣补气。简单的养生药膳，对孩子的身体有很好的帮助。

蘑菇海鲜浓汤 *2人份*

[材料]

Ⓐ白术——2钱
防风——1钱
甘草——1钱
红枣——3颗

Ⓑ虾仁——35克
鲜干贝——2颗
胡萝卜——75克
蘑菇——35克
洋葱——1/4个
青豆——1大匙
玉米粒(罐头)——80克

Ⓒ奶油——15克
牛奶——50毫升

[调味料]

盐——1小匙
黑胡椒粉——少许

[做法]

1 将材料Ⓐ药材分别洗净，用棉布袋包起，和1200毫升水一起煮至剩下600毫升，取汤汁备用。

2 虾仁洗净，挑除肠泥后切小丁；干贝、蘑菇、洋葱、胡萝卜分别洗净后切小丁，备用。

3 热锅，放入奶油烧至融化，加入洋葱丁爆香，再倒入做法1的汤汁、胡萝卜丁，一起煮软后，加入材料Ⓑ与牛奶、盐，煮滚后即可熄火，盛盘后撒上少许胡椒粉即完成。

◎健康贴士◎

[功效]能够预防流行性感冒的侵袭，可以改善常感冒的过敏体质。

[提醒]有便秘症状的小朋友不能食用。

[秘诀]将药材先包起，熬出汤之后可整包取出丢弃。

◎营养贴士◎

[白术]为补气药材，可促进胃肠消化，能强壮和提高身体抗病毒能力。

[虾仁]营养价值高，脂肪含量低，肉质松软易消化，有健脑、养胃、润肠、强壮身体的功效，非常适合小朋友食用。

山药萝卜养生汤 ＊2 人份＊

[材料]

Ⓐ熟地—— 10 克

炒过的白术—— 5 克

扁豆—— 50 克

Ⓑ日本山药—— 100 克

胡萝卜—— 50 克

西兰花—— 50 克

苹果—— 1 个

[调味料]

盐—— 1 小匙

[做法]

1 将材料Ⓐ药材分别洗净，再把熟地、白术放入棉布袋中包起；扁豆用水泡软；山药、胡萝卜、苹果分别去皮后切丁，西兰花切小朵，备用。

2 药材包、扁豆、材料Ⓑ放入锅中，加水 1500 毫升，大火煮滚后转小火续煮 20 分钟，取出药材包，加入调味料拌匀即完成。

◎健康贴士◎

[功效] 可保护肠胃，滋养身体，增强抵抗力。

[提醒] 消化系统不好，一吃东西就容易有腹胀感的人请勿食用。

[秘诀] 扁豆需用清水浸泡 2 ~ 3 小时后，吸收水分才能烹煮。

◎营养贴士◎

[山药] 富含黏蛋白，有助肠胃消化及滋养身体，适当摄取可增强抵抗力，并维持体内酸碱平衡。

[苹果] 含果胶纤维、糖类、有机酸、钾等，另含半乳糖醛酸，有助于排毒、提高学习力；含有丰富的多酚类，可抗氧化；含果胶，能避免食物在肠道内腐化。

金针海参鸡汤 ＊2人份＊

[材料]

Ⓐ当归——2钱
黄芪——3钱
枸杞——3钱

Ⓑ干金针——10克
海参——200克
鸡腿——1只（约300克）

[调味料]

盐——2小匙

[做法]

1. 将材料Ⓐ分别洗净，黄芪用棉布袋包起，和水1250毫升一起煮滚，放入当归，转小火熬煮至水量剩下750毫升左右，取出药材，留下汤汁备用。
2. 干金针洗净，用水200毫升泡软，浸泡的水留下备用；枸杞洗净，泡水1分钟后沥干。
3. 海参洗净，去除内脏后切小块；鸡腿洗净切块。将海参、鸡腿分别用热水汆烫，捞起后沥干水分备用。
4. 将材料Ⓑ、枸杞一起放入锅中，加入做法1的汤汁、盐，并倒入浸泡金针的水。大火煮滚后，转小火续煮8分钟即可。

◎健康贴士◎

[功效] 能够补血健身，适合有贫血、头晕、习惯性便秘症状的小朋友食用。
[提醒] 若有感冒症状或拉肚子时不能食用。
[秘诀] 海参不能煮过久，以免流失水分，口感不佳；买回时若没有立刻煮，要泡在清水中冷藏保鲜。

◎营养贴士◎

[海参] 具有高蛋白、低脂肪、低糖、低胆固醇的特点，富含胶质与黏多糖、含有18种氨基酸，可促进细胞的再生与修复，还可提高淋巴细胞的免疫活性，增强人体免疫力。

[材料]

Ⓐ鸡胸肉—— 100 克
枸杞—— 15 克
莲藕粉—— 30 克
葱末—— 1 大匙
Ⓑ乌龙面—— 1 包
虾仁—— 50 克
菠萝—— 100 克
胡萝卜—— 50 克
青豆—— 50 克
葱花—— 1 小匙

[调味料]

Ⓐ盐—— 1/4 小匙
米酒—— 1 小匙
Ⓑ西红柿酱—— 1 大匙
盐—— 1 小匙

莲藕鸡肉丸面 ＊ 2 人份 ＊

[做法]

1 枸杞洗净泡水 1 分钟，和鸡肉一起剁碎，再加入 1/4 小匙盐（分量外），拌打至有黏性时，加入莲藕粉、葱末搅拌均匀备用。

2 虾仁挑除肠泥后洗净，和调味料Ⓐ抓拌均匀，腌约 5 分钟；菠萝切小丁；胡萝卜去皮后切小丁，备用。

3 热锅，加入色拉油 1 小匙（分量外），炒香西红柿酱、菠萝、胡萝卜，加水 1000 毫升，大火煮滚后加入乌龙面、青豆，再次煮滚后转小火，再把做法 1 捏成丸子状放入煮熟，再加入虾仁、盐，煮至虾仁熟透，盛入碗中，撒上葱花即完成。

◎健康贴士◎

[功效] 可增进食欲、提升免疫力、减轻发炎不适感。
[提醒] 菠萝的酸性对胃黏膜具刺激性，若有消化性溃疡的人不建议食用。
[秘诀] 真的莲藕粉不是纯白色也不是粉红色，市面上有许多非真正的纯藕粉，购买时请务必注意。真品是在加适量水煮滚后，水的颜色会呈现浅红色。

◎营养贴士◎

[菠萝] 含丰富维生素 B_1、维生素 B_2，有助于消除疲劳、增进食欲；含菠萝酶，能抑制发炎反应，减轻喉咙痛的不舒服，亦有助于食物中的蛋白质分解，使其容易为人体吸收；含微量元素锰，可增加抗氧化能力。
[莲藕粉] 虽多是淀粉，但在制造过程中仍保有莲藕部分营养成分。用冷开水将少许藕粉调开后再冲入热开水，加冰糖调味饮用，可以改善失眠、感冒、有痰、咳嗽等现象。

丝瓜糯米蛋粥 ＊2人份＊

[材料]

Ⓐ薏仁—— 50 克
黄芪—— 5 克
甘草—— 2 片
Ⓑ糯米饭—— 1 碗
丝瓜—— 100 克
胡萝卜—— 40 克
生姜丝—— 1 大匙
Ⓒ蛋—— 2 个
新鲜法香——少许

[调味料]

白胡椒粉—— 1/4 小匙
盐—— 1/2 小匙

[做法]

1 薏仁洗净泡水 4 小时；黄芪、甘草用清水冲洗干净，再用棉布袋包起；丝瓜、胡萝卜去皮后切薄片，备用。

2 将薏仁、药材包放入锅中，加水 1500 毫升，大火煮滚后，转小火续煮 15 分钟。

3 放入材料Ⓑ再煮 10 分钟，取出药材包，加入调味料拌匀，打入蛋，煮至蛋白熟透，盛入碗中，撒上法香即完成。

◎健康贴士◎

[功效] 解毒通便、调节免疫功能。
[提醒] 丝瓜性寒，手脚冰冷、平常容易腹泻的人不宜多吃。
[秘诀] 烹煮丝瓜时加点姜丝，可以中和寒性，顺便提味。糯米煮熟后性偏温，也有中和寒性的作用。

◎营养贴士◎

[丝瓜] 水分含量非常高，可以预防便秘，亦有助于排便。国外研究发现，丝瓜含有一些植物性化学物质，如"芹菜素"可以降低体内发炎反应，"槲皮素"有助于血管通畅。
[甘草] 含甘草甜素、有机酸等成分，有解毒作用，能缓和伤口发炎、调节免疫功能。有镇咳嗽作用，可减少对喉咙的刺激。

红糟鲷鱼羹 ＊2人份＊

[材料]

Ⓐ参须—— 3 钱
桂圆肉—— 3 钱
五味子—— 2 钱
当归—— 1 钱
丹参—— 1 钱

Ⓑ鲷鱼—— 100 克
胡萝卜—— 45 克
豆芽菜—— 30 克
泡软黑木耳—— 20 克
香菜——少许

[腌料]

红糟—— 1 大匙
糖—— 2 小匙
米酒—— 1 小匙
葱段—— 10 克
姜片—— 3 片

[调味料]

Ⓐ淀粉—— 2 大匙
甘薯粉—— 3 大匙

Ⓑ盐—— 1/2 小匙
味淋—— 1 小匙

Ⓒ水淀粉—— 3 大匙

[做法]

1 将材料Ⓐ分别洗净，用棉布袋包起，和水 750 毫升一起煮滚后转小火，再煮约 20 分钟，取出药材包，留下汤汁备用。

2 鲷鱼洗净，切成约 3 厘米长的长条状，和腌料拌匀，腌约 1 小时备用。胡萝卜去皮后刨成丝，豆芽菜洗净后去除根部，黑木耳洗净切丝，香菜洗净切末，备用。

3 将调味料Ⓐ混合，放入鲷鱼片沾裹均匀，再放入 170℃热油锅中油炸至熟，捞起沥干油分。

4 将做法 1 的汤汁煮滚，放入胡萝卜、豆芽菜、黑木耳，煮熟后放入鲷鱼片，等再次煮滚后，加入调味料Ⓑ拌匀，再用水淀粉勾芡，盛碗后撒上香菜末即可。

◎健康贴士◎

[功效] 调养身体、活络气血，适合脸色苍白、没有力气、容易倦怠、胸口闷痛的小朋友食用。
[提醒] 若有感冒症状时不能食用。
[秘诀] 红糟制作时碍于控制发酵的时间和防菌污染难度高，因此建议购买有知名度且有质量保证的品牌，食用上比较有保障。

◎营养贴士◎

[红糟] 是以糯米为主要原料，以红曲菌去发酵的调味酱，自然包含了红曲的好处，如降低胆固醇、促进血液循环、帮助肠胃消化等。

五行蔬菜粥 ＊2人份＊

[材料]

Ⓐ黄芪——5克
当归——3克
党参——5克
红枣——5克
Ⓑ五谷饭——1碗
干香菇——2朵
大西红柿——150克
四季豆——60克
圆白菜——50克
金针菇——40克

[调味料]

盐——1小匙
柴鱼粉——1/2小匙

◎健康贴士◎

[功效] 能改善过敏体质、提高免疫力。
[提醒] 若体质燥热或有腹泻、感冒症状者请勿食用。
[秘诀] 若不喜欢西红柿带皮的口感，可取整个在底部用刀划十字，汆烫后即可剥除。

◎营养贴士◎

[西红柿] 含丰富的β-胡萝卜素与茄红素，有抗氧化功效，除了增加免疫功能外，可提升身体的黏膜组织，健全皮肤与气管的功能。
[药材] 当归补血、活血，黄芪与红枣补气，而党参、甘草、红枣、当归都具有增强免疫力的功用。

[做法]

1 将所有材料Ⓐ洗净，再把黄芪、当归、党参放入棉布袋中包起；红枣洗净；备用。
2 香菇洗净泡软，切小丁；西红柿洗净切小丁；四季豆洗净后摘除头尾及侧边粗纤维，切小圆丁；圆白菜洗净切小丁；金针菇洗净切除尾端，再切小段，备用。
3 药材包、红枣、五谷饭放入锅中，加水1200毫升，以大火煮滚后，转小火续煮10分钟。
4 放入做法2的材料，再煮10分钟，取出药材包，加入调味料拌匀即可。

235千卡

278 千卡

栗子虾仁五谷粥

＊2人份＊

[材料]
五谷米——80克
虾仁——10只
新鲜栗子——10个
红枣——6颗
黑芝麻——1大匙
玉米粒——1大匙
姜丝——1小匙
葱花——1小匙

[调味料]
Ⓐ米酒——1小匙
盐——1/2小匙
Ⓑ盐——1小匙
味淋——1小匙

[做法]

1 五谷米洗净，泡水4小时后沥干水分；虾仁去头，剥除外壳(留尾)，洗净后和调味料Ⓐ拌匀，腌约5分钟；栗子去壳磨碎；备用。

2 五谷米、红枣放入锅中，加水1000毫升，一起熬煮30分钟，加入栗子碎、黑芝麻，续煮10分钟。

3 加入虾仁、玉米粒、姜丝、葱花，一起煮到虾仁变红至熟，加入调味料Ⓑ拌匀即完成。

[功效]可增强记忆力、提高免疫力。
[提醒]对海鲜过敏者请勿食用。
[秘诀]如果觉得麻烦的话，可以煮成五谷饭后再用来煮粥，这样就不用熬煮那么久。

◎营养贴士◎

[红枣]含维生素A、维生素B_2、维生素C、蛋白质、有机酸，能强化免疫机能。中医认为其能补中益气、养血安神，更可保护肝脏。
[栗子]有丰富的胡萝卜素、维生素C以及钙、磷、铁，适合孩童摄取，具有强壮滋补的功效；有丰富的植物性蛋白质，非常容易为人体所吸收；含有多种B族维生素及微量元素锰，可以促进新陈代谢。

黄芪百菇粥 *2人份*

[材料]

Ⓐ黄芪—— 5 克
　党参—— 3 克
　白术—— 3 克
　枸杞—— 3 克
Ⓑ巴西蘑菇—— 30 克
　竹笙—— 20 克
Ⓒ蘑菇—— 60 克
　金针菇—— 60 克
　青豆—— 50 克
　新鲜香菇—— 30 克
　白饭—— 1 碗
Ⓓ新鲜法香——少许

[调味料]

盐—— 1 小匙
味淋—— 1 小匙

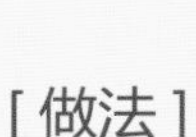

[做法]

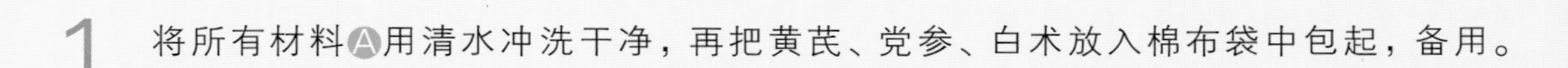

1 将所有材料Ⓐ用清水冲洗干净，再把黄芪、党参、白术放入棉布袋中包起，备用。

2 巴西蘑菇、竹笙分别洗净泡软，再把巴西蘑菇蒂头末端带沙的部分切掉，竹笙切小段，备用。

3 蘑菇洗净切片；金针菇洗净切除尾端，再切小段；香菇洗净，去蒂切小丁，备用。

4 所有材料Ⓑ、Ⓒ、药材包、枸杞放入锅中，加水 1500 毫升，大火煮滚后，转小火续煮 20 分钟，取出药材包，加入调味料拌匀，盛入碗中，撒上法香即可。

◎健康贴士◎

[功效] 有健脾胃、益中气、提升免疫力的功效。
[提醒] 感冒或平常容易腹泻的人请勿食用。
[秘诀] 竹笙用水泡发时要勤换水，直到洗去表面的杂质与气味，才能彻底去除可能的药剂残留。

◎营养贴士◎

[巴西蘑菇] 在日本的绰号为“神奇药菇”，其丰富的多糖体对于免疫细胞有相当强的助益。
[菇类] 含有丰富的必需氨基酸、核酸、硒及多糖体，是身体免疫细胞及抗氧化酶的粮食；金针菇中的精氨酸和冬菇素，是对抗细胞氧化生锈的强力武器。
[枸杞] 含胡萝卜素、核黄素、磷、铁等，另含玉蜀黍黄质，是很好的抗氧化剂；含菊糖，能帮助小朋友生长发育。

◎健康贴士◎

[功效] 帮助小朋友调养气血，使脸色红润，也可纾解身体燥热引起的过敏现象。
[提醒] 若咳嗽有痰稀且色白的状况时，属于虚寒体质，不能食用。
[秘诀] 选购腐竹时以色泽微黄具光泽、手捻易碎者为上品。

◎营养贴士◎

[腐竹] 属豆类制品，是将豆浆烧煮后，脂肪和蛋白在表面凝结而成的薄膜，捞起后平摊晾干而成的“腐衣”卷制而成的。因是浓缩豆浆，因而含有黄豆中高浓度的类黄酮素与非常丰富的蛋白质与钙质等，能补充体力，特别适合病后调养。
[马蹄] 就是荸荠，属凉性，对清热解毒有助益，可促进代谢、抑制细菌，容易生痘痘的人可多食用。

腐竹马蹄甜汤 * 2人份 *

112 千卡

[材料]

腐竹—— 1 张 (15 克)
红枣 (去籽) —— 6 颗
马蹄—— 6 颗
冰糖—— 2 大匙

[做法]

1 腐竹用水泡软，再换水将腐竹漂白，捞起沥干，剪成小片。

2 红枣洗净，稍微泡软；马蹄洗净，削除外皮，备用。

3 马蹄、红枣和水 700 毫升放入锅中，用大火煮滚后，转小火熬煮 20 分钟，放入腐竹，再煮 5 分钟，最后放入冰糖煮至融化即可。

[材料]

Ⓐ豆浆—— 400 毫升
茯苓粉—— 20 克
豆花粉—— 10 克
Ⓑ蜜绿豆—— 2 大匙
蜜花豆—— 2 大匙
熟薏仁—— 2 大匙
Ⓒ姜糖汁—— 6 大匙

茯苓豆花 ＊2 人份＊

[做法]

1 将豆花粉放入干净大锅中，加入冷开水 50 毫升拌至溶化。
2 豆浆、茯苓粉放入另一锅中煮滚，熄火后一口气倒入做法 1 锅中，静置不动至凝结。
3 将豆花舀入碗中，加入适当材料Ⓑ、姜糖汁即完成。

◎健康贴士◎

[功效] 有安神、帮助消化、利尿的功效，还可提升免疫力。
[提醒] 感冒的人要吃热的，能促进发汗；平常尿液量多的人需减量食用。
[秘诀] 豆花需放入冰箱冷藏，利用姜糖汁来调整食用温度，不管是热的或冰的都有功效。

姜糖汁做法

锅中加水 300 毫升，加红糖 50 克，煮滚后加入姜泥（取姜 50 克磨碎），转小火熬 10 分钟即完成姜糖汁，待凉冷藏保存即可。

◎营养贴士◎

[茯苓] 可宁心安神，对于改善失眠、健忘、身体疲倦、没力气、饭量小等都有一定效用，和薏仁一样，都能强壮脾胃，使皮肤红润。

杏仁豆奶 ＊2人份＊

[材料]

Ⓐ杏仁粉（北杏）—— 2钱
杏仁粉（南杏）—— 5钱
Ⓑ胡萝卜—— 100克
热豆浆—— 200毫升
蜂蜜—— 1大匙

[做法]

1 杏仁粉（北杏）用棉布袋包起，胡萝卜洗净去皮切圆片，均放入锅中，加水800毫升煮至胡萝卜熟软，备用。

2 取做法1汤汁250毫升，与杏仁粉（南杏）、豆浆、蜂蜜一起拌匀，趁热饮用。

◎健康贴士◎

[功效] 滋阴润肺，平常可作为小朋友肺部的保健饮品。
[提醒] 有拉肚子症状时不能饮用；北杏切勿生食。
[秘诀] 豆浆可以改用牛奶来制作。

◎营养贴士◎

[杏仁] 北杏（苦杏仁）、南杏（甜杏仁）均有止咳平喘的功效，合用可综合北杏治咳、南杏润肺的优点，可舒缓咳嗽，增加协调功用。杏仁含丰富维生素E，有强烈的抗氧化功效，除能增进皮肤功能外，更能强化人体免疫力系统、阻止脑细胞老化，对智力也有益。

葡萄菠萝酸奶 ＊2人份＊

◎健康贴士◎

[功效] 能够提高肠道与皮肤的免疫能力，改善过敏性体质引起的症状。
[提醒] 容易拉肚子的小朋友不能饮用；喝酸奶时不能吃含亚硝酸盐的食材（如火腿、热狗）。
[秘诀] 因为是生吃，建议葡萄与苹果购买有机农产品。

◎营养贴士◎

[酸奶] 其中的乳酸菌，可在肠道建立良好的细菌生态及增强免疫功能，防治便秘；含丰富蛋白质、钙质，对稳定神经系统、提高免疫力极具功效。喝酸奶可补充益菌，并帮助肠道制作B族维生素，以提升活力与精力。

[材料]

Ⓐ菠萝—— 150克
鲜山药—— 50克
苹果—— 50克
葡萄—— 50克
Ⓑ酸奶—— 200毫升
柠檬汁—— 1小匙
蜂蜜—— 1大匙

[做法]

1 将菠萝、山药去皮，与苹果分别切小片。

2 材料Ⓐ放入果汁机中搅打成泥状，再加入材料Ⓑ，拌匀后即可饮用。

[材料]

Ⓐ南瓜子——20克
葵花子——20克
松子——20克
杏仁片——20克
枸杞——20克
Ⓑ苹果——100克
菠萝——50克
苜蓿芽——20克
小麦胚芽——10克
Ⓒ酸奶——150毫升
牛奶——100毫升
蜂蜜——1大匙

种子蔬果精力汤 ＊2人份＊

[做法]

1 材料Ⓐ用冷开水洗净，再泡入100毫升冷开水中约20分钟至软。

2 苹果去皮切小丁，菠萝切小丁，备用。

3 将做法1连同浸泡的冷开水倒入果汁机中，加入材料Ⓑ、Ⓒ，打成汁后即可饮用。

◎健康贴士◎

[功效]可增强体力、预防感冒、提升记忆力。

[提醒]因种子类食材含不饱和脂肪酸，有润肠效果，若有拉肚子状况时请勿饮用。

[秘诀]小麦胚芽在一般超市或烘焙材料行均有售，也可直接拌牛奶或稀饭食用。

◎营养贴士◎

[小麦胚芽]含丰富的维生素E，可以让孩子的大脑反应灵敏、记忆力提升和增强体力；含微量元素锌(南瓜子中亦含量丰富)，可维持细胞膜功能，避免因缺乏维生素E时导致代谢不良、皮肤及黏膜细胞的破坏、食欲不振。

[牛奶]含蛋白质、钙、铁、锌，免疫系统中许多重要元素多与蛋白质及锌有关，每天摄取牛奶可避免免疫功能降低。

桑菊枸杞茶 ＊1人份＊

[材料]

枸杞——5克
菊花——2克
桑叶——1克
薄荷——1克

[做法]

将材料用冷开水冲洗干净，枸杞泡水1分钟，再放入保温杯中，冲入热开水500毫升，加盖浸泡5分钟。可直接饮用，或加入蜂蜜拌匀调味，喝完后可再回冲一次。

◎健康贴士◎

[功效] 可当成饮用水喝，可改善感冒引起的头痛症状。
[提醒] 没感冒症状或是大病初愈的人不要加薄荷。
[秘诀] 因是要直接喝没有煮过，清洗时请使用可以喝的冷开水或过滤水来洗。

◎营养贴士◎

[桑叶] 据现代研究，桑叶有抑制细菌的药理作用。中医认为其可清热润喉、止咳嗽，为头痛、咽喉痛、咳嗽等症状的常用药。
[薄荷] 具有清凉解热、改善喉咙不适、提神解郁等功效，可舒缓头痛、抗压力，使人思路清晰。

补气红枣茶 ＊1人份＊

◎健康贴士◎

[功效] 平时当茶饮用，可以补血养气，改善小朋友身体虚弱、容易感冒或手脚冰冷的体质。
[提醒] 感冒有痰或喉咙发炎的情况下不能饮用。
[秘诀] 小朋友的体质如偏燥热，烹调时使用的红枣建议将籽去除。

◎营养贴士◎

[桂圆] 能滋补气血，若气血不足容易体虚、倦怠，搭配养血的红枣、补气的参须，是健康温和的食补饮品。

[材料]

参须——1钱
红枣（去籽）——2颗
桂圆肉——20克

[做法]

将材料用冷开水冲洗干净，放入保温杯中，冲入热开水500毫升，加盖浸泡10分钟。可直接饮用，喝完后可再回冲一次。

67 千卡

150 千卡

香橙芦荟汁

＊1人份＊

[材料]

芦荟叶肉——50克

柳橙——2个

柠檬——1个

蜂蜜——1大匙

[做法]

1 将芦荟洗净，去皮、边刺，取肉50克切小丁，放入锅中，加水200毫升，煮滚后熄火待凉。

2 柳橙、柠檬洗净，用刨丝器刮下少许柳橙皮、柠檬皮，再将柳橙、柠檬挤汁备用。

3 将做法1、做法2材料倒入杯中，加入蜂蜜拌匀即完成。

◎健康贴士◎

[功效]可清凉消暑、预防感冒。

[提醒]若是体质虚寒、容易拉肚子的人，请勿食用芦荟，小朋友肠胃较弱，也不可一次吃太多；孕妇也不可食用。

[秘诀]做法1可用市售芦荟汁罐头（含芦荟粒）200毫升来代替。若是自行取新鲜芦荟叶皮上的果肉时，须将皮削干净，不要留下黄色薄膜，以免内含的大黄素引起腹泻。

◎营养贴士◎

[芦荟]据《本草纲目》记载，其具有抗菌与保护皮肤的功用。现代科学研究证明其含有数十种对人体有益的活性成分，如芦荟多糖、芦荟素、氨基酸、微量元素等，能增强人体免疫力，其杀菌消炎的能力可使细胞组织再生复原、促进伤口愈合，预防细菌性感染。

居家抗菌 DIY

文 /Yonne 萧

抗菌干洗手 使用期限：6 个月

茶树具有抗菌、加强免疫系统的能力；薄荷可杀菌，使用此款干洗手，可阻隔病毒的入侵。

材料：

A 速成透明胶 2 小匙、纯水 150 毫升

B 茶树精油 10 滴、薄荷精油 7 滴、甘油 5 毫升、化妆品抗菌剂 5 毫升

做法：

将材料 A 拌匀，再加入材料 B 拌匀，装入干净罐中即可。使用时取适量于手心，轻轻搓揉整个手部，使之自然吸收即可。

小叮咛：市售干洗手多添加酒精成分，长期使用对肌肤不太好，建议花点时间亲手制作。

抗菌洗手乳 使用期限：6 个月

柠檬精油具抗菌性，其清淡的果香味也较易被人接受；橄榄油为温和的基础油，具滋润功效。

材料：

A 皂基 15 克、橄榄油 5 毫升、纯水 75 毫升、化妆品乳化剂 3 毫升、化妆品抗菌剂 5 毫升

B 柠檬精油 10 滴

做法：

将材料 A 放入不锈钢锅中隔水加热，边加热边搅拌至皂基融化，然后熄火。待温度降至约 45℃，再加入柠檬精油拌匀，放至完全冷却即可装入压瓶罐中。

餐桌抗菌液 使用期限：3 个月

以白醋与酒精为配方，可抑制细菌生长，是清洁桌面的好帮手。

材料：

白醋 15 毫升、药用酒精 90 毫升、纯水 180 毫升、化妆品抗菌剂 15 毫升

做法：

将所有材料放入喷枪瓶中摇匀即可。使用时将餐桌抗菌液喷洒于桌面上，静置 5 ~ 10 秒后，再用干净的抹布将桌面擦拭干净即可。

小叮咛：此餐桌抗菌液也可用于清洁砧板，请先喷洒餐桌抗菌液于砧板上，再用干净的抹布覆盖 1 分钟，然后用清水洗净即可。

Chapter 3

长辈喝健康

Good for elders！

用滋补的健康汤关怀长辈们的身体

长辈应该怎么吃

中老年的健康管理

以人的生命历程来说，中年期是在 40 ～ 60 岁之间。人进入中年之后，身体的体力、健康状况都会随着生理机能的老化而每况愈下。在身体的健康管理上，可以开始多多培养正确的生活习惯，并注意饮食。

1 **正确的饮食观：**尽量的少油、少盐、少糖，重视饮食的质而非量，以免造成囤积脂肪而引发肥胖问题。同时，也要减少不良食物的摄取：例如烟、酒、槟榔，还有应酬时应避免暴饮暴食，否则将会对身体健康有所伤害并增加负担。

2 **补充维生素、矿物质、纤维质：**有些维生素，如 A、C、E、B_6 等，可以维持良好的免疫力，使身体细胞组织能正常运作、永葆活力。而矿物质如铬和镁，则分别可以帮助胆固醇的代谢并维持肌力，以及有效遏阻心血管疾病的发生。至于多摄取纤维质，则可帮助消化道维持良好的弹性与健康，并可协助养成规律的排便习惯而不致便秘，可以顺利排出日常食入的毒素，维持健康。

3 **多喝水：**水分占人体的 65% ～ 70%，是细胞最重要的组成元素。多喝水不但可以维持正常的身体机能，还可以使肌肉细胞保持健美，所以水分是不可或缺的！此外，喝茶也很不错，多喝绿茶已经被证实可以有效地预防癌症发生，所以建议养成喝茶的好习惯。除绿茶外，乌龙茶、红茶、普洱茶等也都具有一定抗氧化的功效。

4 **规律的运动：**养成运动的习惯也是健康生活中重要的一环。有氧运动能有效地活络细胞，强化呼吸道和心血管活动的功能，维持一周三次、每次 30 分钟的规律运动，如慢跑、游泳、高尔夫球、羽毛球、网球等，能拥有强健的体魄和体能，可以有效预防癌症疾病发生。

5 **睡眠与放松：**适度的放松和良好的睡眠品质，可以让身体在每一天的活动之后得到充分的休息。合理的补回流失的体力与精神，身体才能够有好的抵抗力，并能维持体内良好的抗氧化活动，减缓生理老化的现象。

6 **注意病征的发生：**身体在生病之前，通常会有一些小征兆，例如身上的痣变大变色、排便的习惯改变、胃口变差、胸闷等。只要及早发现，尽早检查，其实就有机会阻止重大疾病的恶化，所以日常生活中应该要注意自己的身体有没有什么异常的变化。

7 **滋养补身：**就如同遇到时节节气更迭的时候，必须为增强体力而采取进补是同样的道理，每个人生阶段的身体状况也会有所不同，自然要因应不同的需要来选择不同的滋补目的与方法。因此，我们可以撷取中国古老医学的智慧，通过有效而温和的中医药食与药膳，针对自身身体体能不足的部分加以加强！

8 **固定的健康检查：**进入中年期后，应养成每年至少做一次全身健康检查的习惯。尤其是家族中的直系亲属是癌症患者的人，更应该注意自己的健康状况，半年即可做一次全身检查。

婆婆妈妈的保健重点

女性进入中年，最直接面对的问题就是“更年期症候群”。西医多数认为注射女性荷尔蒙可以解决大部分的问题，而中医对更年期的治疗则主张“改善气、血、水的循环”。

预防“更年期症候群”，除了药疗以外，采用药膳食补来纾解症状，借由中医配膳理论，将中药材与食物搭配成具有预防疾病与保健的美味料理，是种可长时间采用来调养身体的有效方式，利用滋补肝肾、养气血、排淤的中药材入菜，对于改善更年期不适症状有一定的效果。但必须分清楚，“药”是救命的，“药膳”是养生的，这两者扮演着不同的角色，若身体真有急症与病状，仍建议先寻求医生咨询，再采用药膳辅助保养身体。

◎食物与药材对更年期的滋补功效◎

功效	食物	药材
滋阴	鸡蛋、木耳、紫菜、海蜇皮、山药、马蹄、西红柿、桑椹、葡萄、樱桃、水梨、黑芝麻	百合、枸杞
补阳	牛肉、羊肉、韭菜、姜、全谷类、荔枝	桂圆、核桃、栗子、松子、人参
补血	猪肝、红豆、葡萄干	红枣、枸杞、何首乌、当归
健脾胃	山药、豆腐、糯米、白果、蜂蜜	扁豆、芡实、薏仁、山楂、红枣
清肝泻火	莲藕、苦瓜、芹菜、绿豆、西瓜	菊花、决明子、荷叶、薄荷
宁心安神	金针	莲子、百合、茯神、酸枣仁、远志、五味子、桂圆、小麦、红枣、薰衣草

除了可用药膳调和生理的不适外，平时也应该保持适当运动、饮食均衡、不抽烟、不酗酒，并需有效控制体重，务必遵循高维生素、高蛋白、高微量元素与低糖、低脂、低盐的非精致饮食原则。在食物选择上，建议：

1. 多食用含天然植物性荷尔蒙的黄豆和豆制品、山药、谷类、当归，可以缓解更年期症状。
2. 补充含钙质的牛奶、奶酪、酸奶、小鱼干、芝麻，以及维生素 D，多晒太阳，能防止骨质流失速度太快。
3. B 群维生素、钙、镁有助于情绪与肌肉的放松，维生素 C、维生素 E 具延缓衰老的作用，可增加活力与抵抗力，都需要均衡摄取。
4. 胆固醇的每日摄取量建议在 400 毫克以下（例如每天不超过 2 个蛋）。
5. 饮食上忌食辛辣、生冷，油炸和腌渍品也要列为拒绝品。
6. 含动物脂肪的食物尽量少吃，以降低心血管疾病的风险。
7. 烟、酒、咖啡都不适宜，以免加重不安情绪，并增加骨质疏松概率。
8. 若有盗汗现象，则需多补充水分，建议每天喝 6 ～ 8 杯水。
9. 盐分摄取最好一天不超过 10 克，以免引起水肿与血压升高，每天钠的摄取应在 3.2 克（约 8 ～ 10 克食盐）以下或更少。

银耳煲参汤 ＊1人份＊

[材料]

新鲜莲子—— 20 克

红枣 (去籽) —— 6 克

银耳 (白木耳) —— 5 克

川贝母—— 5 克

西洋参—— 3 克

[调味料]

冰糖—— 1 大匙

[做法]

1 所有材料用清水冲洗干净，银耳泡软后用手撕成小片。

2 将所有材料放入锅中，加水 800 毫升，大火煮滚后转小火续煮 15 分钟，加入冰糖煮至融化即可食用。

156 千卡

◎健康贴士◎

[功效] 平日保养气管、改善气喘过敏体质、预防感冒。

[提醒] 平常胃部容易胀气的人，请将红枣减量使用。已感冒的人请勿食用此汤。

[秘诀] 红枣请买已经去籽的，或是用水泡软后，用牙签从中心穿入剔除。

◎营养贴士◎

[西洋参] 也称为粉光参、花旗参，常用来调养身体，也有改善咳嗽、过敏、口干、慢性支气管炎的功效，可舒缓疲倦、过敏，长期食用可预防感冒。加川贝母煮汤，对气管跟肠胃都很好。

水果咖喱汤

1人份

420千卡

[材料]

Ⓐ苹果——80克
菠萝——80克
香蕉——50克
小西红柿——50克
葡萄——50克
玉米——30克
甜豆荚——30克
芹菜——10克
Ⓑ干燥香茅——5克
姜——3克
九层塔——少许
香菜——5克

[调味料]

Ⓐ椰子油——1小匙
咖喱粉——1大匙
Ⓑ椰糖——1小匙
椰奶——100毫升
Ⓒ柠檬汁——1大匙
盐——1小匙

[做法]

1 苹果去皮切丁，菠萝切丁，香蕉去皮切块，小西红柿洗净去蒂，葡萄洗净，玉米切块；甜豆荚撕除两端粗纤维，芹菜切段；香茅、姜用棉布袋包起；九层塔、香菜分别洗净，去叶取梗备用。

2 棉布袋、九层塔梗、香菜梗放入锅中，加水1000毫升，大火煮滚后转小火续煮10分钟，过滤后待凉。放入果汁机中，加入苹果、香蕉，搅打均匀备用。

3 加热锅，烧热椰子油（若无，请使用一般色拉油），转小火炒香咖喱粉，倒入做法2汤汁，放入小西红柿、菠萝、玉米煮5分钟后，再放入葡萄、甜豆荚、芹菜，转大火煮滚，加入调味料Ⓑ拌匀后熄火，再加入调味料Ⓒ拌匀即完成。

◎健康贴士◎

[功效] 有抗癌、防老、预防感冒的功效。
[提醒] 胃酸过多或是不敢喝酸的人，可酌量减少柠檬汁的分量。
[秘诀] 咖喱粉可改用咖喱块，不需用油拌炒，只要加热做法2汤汁，再放入拌融化即可。

◎营养贴士◎

[水果] 含有各种维生素，可增强免疫力。苹果中蕴含的维生素、矿物质，很容易被人体吸收；西红柿、葡萄也都有抗癌防老功能，平常可多食用。
[椰子油] 稳定度高，冒烟点在232℃，不易变质氧化，不会产生自由基，适合用来炒菜、油炸食物。含月桂酸，其为母乳中重要的饱和脂肪酸，具有良好的抗病毒能力，并能促进新陈代谢。

240千卡

青豆薏仁浓汤 ＊1人份＊

[材料]

Ⓐ青豆—— 50 克
　薏仁—— 30 克
Ⓑ蘑菇—— 20 克
　红甜椒—— 15 克
　胡萝卜—— 15 克
　玉米粒—— 15 克

[调味料]

鲜奶油—— 100 毫升
盐—— 1 小匙

[做法]

1 薏仁洗净，泡水 4 小时后沥干水分；蘑菇、红甜椒分别切小丁；胡萝卜去皮切小丁，备用。

2 薏仁放入锅中，加水 300 毫升，大火煮滚后，转小火续煮 20 分钟，熄火后再加水 200 毫升拌匀，倒入果汁机中，加入青豆一起搅打成泥状。

3 青豆薏仁泥倒入锅中，大火煮滚后加入材料Ⓑ，转小火煮至熟透后，再加入调味料拌匀即完成。

◎健康贴士◎

[功效] 增强体力、抗癌、稳定血糖。
[提醒] 没有特殊禁忌，一般人均可食用。
[秘诀] 青豆有一股青菜的腥味，与薏仁打泥后加入鲜奶油同煮就可改善其味道。

◎营养贴士◎

[青豆] 蛋白质与钙质丰富，含有不饱和脂肪酸和大豆卵磷脂，能保持血管弹性、有助血糖缓升，因此有稳定糖尿病患者血糖的功能；具增强体力、促进肠胃消化、抑制人衰老等功效。
[薏仁] 可促进体内水分的新陈代谢，能利尿、消肿。薏仁的萃取物则具有增进免疫力、抗过敏等效用。

[材料]

Ⓐ发芽米—— 50 克
　白米—— 30 克
Ⓑ羊肉片—— 80 克
　玉米粒—— 30 克
　韭菜—— 15 克
　生姜—— 10 克
　枸杞—— 5 克

[调味料]

米酒—— 20 毫升
味淋—— 1 小匙
盐—— 1 小匙

姜丝羊肉粥 ＊ 1 人份 ＊

[做法]

1 发芽米、白米洗净，一起泡水 1 小时；枸杞洗净，泡水 1 分钟；韭菜切末，姜切丝，备用。

2 米、枸杞放入锅中，加水 1200 毫升，大火煮滚后，转小火续煮 30 分钟。

3 再放入羊肉、姜丝、玉米粒，煮熟后放入韭菜，转大火煮滚后熄火，再加入调味料拌匀即完成。

◎健康贴士◎

[功效] 可补气提神，改善手脚无力现象。
[提醒] 若有感冒症状的人，请不要放酒。韭菜含大量粗纤维，能引起消化不良，甚至因肠蠕动增强而引起腹泻，因此请勿大量食用。
[秘诀] 发芽米口感香而筋道，烹煮前须浸泡，并以 1 杯水添加 1.5 ~ 1.6 杯水的比例来煮成米饭会较软。

◎营养贴士◎

[发芽米] 是以糙米来发芽，含有更多的氨基酸与矿物质以及膳食纤维，能防病强身、抗衰老，儿童、老人与康复中的病人都非常适合食用；含 γ 一氨基丁酸，有助于改善大脑血流、增加氧的供给，提高肝肾功能；含六磷酸肌醇，能抗氧化，有助于提升免疫力。
[韭菜] 含有蒜素，搭配羊肉食用，可强身、消除疲劳、改善手脚冰冷症状。其所含有的硫化物可形成特殊的辛辣味，具有杀菌作用，能把肠内的细菌杀光。

扁豆五谷粥 *1人份*

[材料]

Ⓐ五谷米——50克
红扁豆——10克
Ⓑ枸杞——2克
Ⓒ甘薯——50克
四季豆——20克
雪白菇——5克

[调味料]

味淋——1小匙
盐——1小匙

[做法]

1 材料Ⓐ分别洗净，泡水4小时；枸杞洗净，泡水1分钟；甘薯去皮洗净，切小丁；四季豆洗净去头尾，切小丁；雪白菇洗净，切小丁，备用。

2 材料Ⓐ沥干水分放入锅中，加水1200毫升，大火煮滚后，转小火续煮30分钟，加入枸杞、材料Ⓒ，煮熟后加入调味料拌匀即完成。

◎健康贴士◎

[功效] 缓和眼部疲劳、促使肝内毒素排出、提升免疫力。
[提醒] 拉肚子的人请勿食用。
[秘诀] 扁豆带特殊香味，口感类似薯泥。

◎营养贴士◎

[红扁豆] 含维生素C、B族维生素、铁质，可改善视力、消炎抗菌、清肝解毒，对感冒与过敏的防治有帮助；含丰富核酸，能赋予细胞能量，使人充满活力。
[甘薯] 具抗癌功效，是现在流行的养生食物；与枸杞均含丰富的维生素C与胡萝卜素，可明目润燥，提升免疫力。

359 千卡

[材料]

Ⓐ发芽米—— 50 克
　发芽黄豆—— 20 克
Ⓑ蔬菜高汤—— 1500 毫升
Ⓒ南瓜—— 80 克
　马蹄—— 30 克
　甘蓝菜—— 30 克
　芹菜末—— 2 克

[调味料]

味噌—— 30 克

味噌南瓜健康粥 ＊1人份＊

[做法]

1 材料Ⓐ洗净，发芽米泡水1小时；南瓜、马蹄、甘蓝菜切丁，备用。

2 材料Ⓐ、高汤及南瓜放入锅中，大火煮滚后，转小火续煮25分钟，再放入马蹄、甘蓝菜，煮约5分钟后加入芹菜末，熄火后加入调味料拌匀即完成。

发芽黄豆做法

黄豆洗净，用清水浸泡一天（期间需不断换水），沥干水分后静置一晚，使其发芽。

◎健康贴士◎

[功效] 增强抵抗力、减少感染概率、促进骨骼健康。
[提醒] 没有特殊禁忌，一般人均可食用。
[秘诀] 发芽米在网上就买得到。

◎营养贴士◎

[黄豆] 经催芽，维生素 B_2、维生素 C、叶酸、天门冬氨酸含量都会倍数增长，可提高蛋白质利用率；能减少体内乳酸堆积，消除疲劳；会含有一种干扰素诱生剂，可增加体内抗病毒的能力。

润肺核桃糊

＊ 2 人份 ＊

◎健康贴士◎

[功效] 可以改善干咳、止咳化痰、预防肺癌。
[提醒] 核桃富含油脂，有润肠效果，所以拉肚子的人请勿食。
[秘诀] 南杏、核桃可先用干锅炒过或烤过的，成品味道较香。

◎营养贴士◎

[川贝母] 对心肺均有助益，尤其是肺脏虚弱、咳嗽不断时，食用有润肺、镇咳、去痰功效，还能改善喉咙不舒服，以浙江出产的浙贝母效果较佳。可与冰糖一起填入挖空的带皮水梨中炖来吃，可改善感冒咳嗽现象。

[材料]
天冬—— 3 克
麦冬—— 3 克
川贝母—— 3 克
核桃—— 10 克
杏仁 (南杏) —— 3 克

[调味料]
冰糖—— 30 克

185 千卡

[做法]

1. 天冬、麦冬用清水冲洗干净，放入茶袋中包起备用。
2. 茶袋和其他材料一起放入锅中，加水 600 毫升，大火煮滚后，转小火续煮 20 分钟，取出茶袋，放入冰糖煮至融化，待凉后放入果汁机中打成泥状即完成。

山药百合甜汤

＊1人份

[材料]
新鲜山药——50克
莲藕——30克
新鲜莲子——15克
新鲜百合——10克
桂圆肉——20克
红枣——5克

[调味料]
冰糖——30克

[做法]

1 所有材料用清水冲洗干净；山药去皮后切小块；莲藕去表皮后切片，放入盐水中浸泡5分钟，取出备用。

2 所有材料放入锅中，加水1000毫升，大火煮滚后，转小火续煮至材料熟透，放入冰糖煮至融化即可。

◎健康贴士◎

【功效】可增加抵抗力、安定心神。
【提醒】感冒发烧、喉咙发炎且有痰的人请勿食用。
【秘诀】若百合使用干品，则只约需5克，且需用水泡软后再使用；莲藕切片后泡入盐水中可预防氧化变黑。

◎营养贴士◎

[桂圆]含有糖类、蛋白质等营养素，可以强健身体、增加抵抗力，还有宁神安眠的效果。
[莲藕]富含水分、维生素C、膳食纤维等，可帮助肠道蠕动，对脾、胃均有很好的养生效果，多吃可排除腹内胀气。搭配有安定神经功能的莲子、百合，可让人情绪稳定、不焦躁。

银耳苹果汤 ＊1人份＊

[材料]

银耳—— 10克
新鲜莲子—— 20克
苹果—— 30克
蜜枣—— 30克
柳橙—— 1个

[调味料]

冰糖—— 1大匙

[做法]

1 银耳洗净，泡水至软后沥干水分；苹果、蜜枣分别去籽后切丁；柳橙切半后榨汁，备用。

2 银耳放入锅中，加水500毫升，煮滚后转小火续煮约30分钟，放入莲子续煮10分钟，加入冰糖拌至融化后熄火，加入苹果、蜜枣及柳橙汁拌匀即完成。

◎健康贴士◎

[功效] 有安神、防衰老、加强免疫力的功效。
[提醒] 没有特殊禁忌，一般人均可食用。
[秘诀] 水果种类不限，可用其他水果来代替。

◎营养贴士◎

[银耳] 即白木耳，含有丰富的人体必需的氨基酸、多糖体、矿物质及胶质，可加强免疫力，促进肠道新陈代谢，并能宁心安神。

89 千卡

补气燕窝盅

* 1 人份 *

[材料]

干净纯燕窝—— 10 克
红枣—— 3 克
西洋参—— 1 克
冰糖—— 15 克

[做法]

红枣洗净，和燕窝、西洋参、冰糖一起放入瓷碗中，盖上盖子，放入蒸锅中，大火煮滚后，转小火蒸约 25 分钟即完成。

◎健康贴士◎

[功效] 有滋阴、提高免疫力的效果，能预防感染、恢复元气。
[提醒] 容易胃胀的人，红枣不能吃太多。
[秘诀] 若体质燥热，红枣可先去籽后再使用。

◎营养贴士◎

[燕窝] 含 60% 的水溶性蛋白质，能促进细胞再生、增强身体免疫力，有助于儿童发育，能加速病后恢复元气。中医认为其可养阴润燥、益气、止咳。

蜂蜜芦荟汁 *1人份*

[材料]
芦荟叶肉——150克
冷开水——200毫升
柠檬汁——1大匙
蜂蜜——1大匙

[做法]

1 芦荟洗净，去皮、边刺，取150克叶肉，一半切小丁，备用。

2 取75克未切丁的芦荟叶肉，与冷开水、柠檬汁一起放入果汁机中搅打均匀，倒入杯中。加入芦荟丁，再加入蜂蜜拌匀即完成。

◎健康贴士◎

[功效]提升抵抗力，预防细菌性感染。
[提醒]若体质虚寒，容易拉肚子的人请勿食用芦荟，年纪小的小朋友肠胃较弱，也不可一次吃太多；孕妇也不可食用。
[秘诀]若不会处理芦荟的话，也可用市售芦荟汁罐头(含芦荟粒)来代替。

◎营养贴士◎

[蜂蜜]是一种营养丰富的天然滋养食品。据分析，其含有的单糖，不经消化就可以被人体吸收，对老人有良好的保健作用。另外，蜂蜜还有滋养、润燥、解毒、养颜、润肠通便等功效。

陈皮姜茶 *1人份*

◎健康贴士◎

[功效]舒缓咳嗽、感冒、食欲不振、恶心等症状。
[提醒]陈皮久用会耗气，气虚、燥咳、舌红赤的人不宜多食用，一般人也不宜常吃，建议每周吃一次。正在服药的人应先征询中医的意见。
[秘诀]此茶可驱寒，胃常感闷闷不舒服的人请直接喝热饮，不用等降温。

◎营养贴士◎

[陈皮]含有B族维生素、维生素C及川陈皮素、类胡萝卜素等多种营养素，具有解毒、润肠的功能，可止咳化痰、生津开胃。冲泡一杯陈皮水喝，能舒解胃气；搭车前含一片陈皮，可以舒缓腹胀、防止呕吐。与姜泡茶，可祛寒，舒缓咳嗽、感冒和喉咙痛。

[材料]
老姜——10克
陈皮——10克
蜂蜜——1大匙

[做法]

姜洗净，连皮切片状，和陈皮一起放入锅中，加水800毫升，大火煮滚后，转小火续煮10分钟，熄火待稍降温后加入蜂蜜拌匀即可饮用。

香蕉花醋 ＊1人份＊

[材料]

Ⓐ水果醋2大匙、蜂蜜20毫升、柠檬汁2小匙、桂花酱1小匙、冷开水300毫升

Ⓑ香蕉1/2根、樱桃1颗

[做法]

材料Ⓐ放入杯中搅拌均匀，香蕉剥开外皮后切片放入杯中，再放入洗净的樱桃即完成。

◎健康贴士◎

[功效]可消除疲劳、提升免疫力、增强体力，还有美容养颜的效果。

[提醒]每天均可饮用，但以1杯为限。因香蕉属凉性，感冒的人请不要食用，否则容易产生多痰症状。

[秘诀]水果醋种类有苹果醋、柠檬醋、水蜜桃醋、梅子醋等，可依喜好选用。

◎营养贴士◎

[水果醋]可以消除疲劳、平衡体内酸碱值，使血液维持弱碱性，不易被细菌与病毒侵袭；富含氨基酸，可促进体内酶的活性化，提高吸收力，增强体能。

黑豆枣茶 ＊1人份＊

[材料]

黑豆30克、红枣(去籽)5克、蜂蜜1大匙

[做法]

黑豆、红枣用清水冲洗干净，红枣切成小片，均放入锅中，加水500毫升，煮滚后转最小火煮约30分钟后熄火，待降温至40℃，加入蜂蜜拌匀即可饮用。

◎健康贴士◎

[功效]活血解毒、防止老化、提升免疫力。

[提醒]黑豆不宜生食，以防腹胀不适。

[秘诀]煮过的黑豆、红枣可食用。

◎营养贴士◎

[黑豆]含蛋白质、卵磷脂、维生素E及大豆异黄酮(雌激素)，具有降血脂、抗氧化、活血解毒、防止大脑老化、养颜美容的效果，经常摄取可促进骨钙的吸收及保留，与红枣搭配食用，能提升免疫力、预防感染。

双参花茶

＊1人份＊

[材料]

参须3克、党参3克、黄芪3克、枸杞3克、菊花3克

[做法]

所有材料用清水冲洗干净，放入锅中，加水1500毫升，大火煮滚后转小火，续煮10分钟后即可饮用。

◎健康贴士◎

[功效]改善疲劳、补充体力、恢复元气。

[提醒]感冒期间请勿饮用。

[秘诀]菊花冲洗时水量要小，以避免损坏而影响外观，也可用茶袋包起再使用。

◎营养贴士◎

[药材]参须可补气，治疗精神委顿；党参、黄芪均有补中益气，治疗倦怠乏力的功效；枸杞、菊花都属于益气补肝的药材，对改善疲劳很有效果。

黄芪玉米须茶

＊1人份＊

[材料]

玉米须3克、参须2克、黄芪2克

[做法]

所有材料用清水冲洗干净，放入锅中，加水600毫升，大火煮滚后转小火续煮10分钟，过滤后即可饮用。

◎健康贴士◎

[功效]提高对病原的免疫能力、预防新陈代谢疾病，能补气、利水。

[提醒]感冒时请勿饮用。

[秘诀]玉米须要先用水浸泡一会儿再用手搓洗，并清洗多遍，这样才能把其中夹杂的杂物洗掉。

◎营养贴士◎

[玉米须]是包覆在玉米外的须状花穗，对利尿、降压有很好的效果，可消除水肿；还可促进新陈代谢、帮助胆汁分泌，对肝炎有不错的疗效。

肉桂薄荷茶 ＊1人份＊

[材料]
肉桂棒——5克
新鲜薄荷——1克
蜂蜜——1大匙

[做法]

杯中放入薄荷，冲入500毫升热开水，放入肉桂棒，浸泡5分钟后加入蜂蜜，用肉桂棒搅拌至融化，取出肉桂棒，再过滤出茶汁即可饮用。

◎健康贴士◎

[功效]可以预防感冒、腹泻，对舒缓情绪、补强心脏功能也有助益。
[提醒]有口干舌燥、咽喉肿痛、流鼻血等热性症状及各种急性炎症时，均不宜食用肉桂；孕妇请勿饮用。
[秘诀]肉桂棒也可以先用手剥碎，和冷水一起煮滚，再冲入薄荷叶中浸泡，饮用前过滤即可。

◎营养贴士◎

[肉桂]属热性，可增加血液循环，增强消化机能，还有抗菌、解热、镇静的功效，可预防感冒、消化不良。

泡澡增强抵抗力

文 /Yonne 萧

薰衣草尤加利浴

疲倦时抵抗力容易变差，而尤加利具有改善疲劳、预防流行性感冒的功能，可降低生病的概率。

材料：

薰衣草精油 20 滴、尤加利精油 20 滴

做法：

将精油加入已放适量水的浴缸中，用手稍微拨动使精油分散。将身体洗净后，再进入浴缸中，以全身浴方式浸泡约 15 分钟即可。

尤加利茶树浴

感冒很容易由飞沫传染，所以可使用尤加利与茶树精油达到杀菌与抗病毒的作用，以降低感冒的概率。

材料：

尤加利精油 20 滴、茶树精油 20 滴

做法：

将精油加入已放适量水的浴缸中，用手稍微拨动使精油分散。将身体洗净后，再进入浴缸中，以全身浴方式浸泡约 10 分钟，并配合深呼吸可感到全身舒畅。

蒜头醋浴

多吃大蒜可增强抵抗力，同样原理应用于泡澡中，亦具有杀菌、增强免疫力的功能；而白醋可软化肌肤，具有美肤的作用。

材料：

大蒜 300g、白醋 300 毫升

做法：

1. 大蒜剥瓣后风干水分，放入玻璃罐，加入白醋，盖上盖子浸泡约 3 个月后即可使用。
2. 使用方法：取全部蒜醋汁，倒入已放适量水的浴缸中。将身体洗净后，再进入浴缸中，以全身浴方式浸泡约 15 分钟即可。

小叮咛：

★保存期限：制作完成后 9 个月

★蒜醋汁除了可泡澡外，若加上少许果糖，以醋：冷开水 = 1 ：5 冲泡饮用，同样可达到增强免疫力的功效。但建议以浸泡 6 个月以上的蒜醋汁饮用较佳。

中药材在中药店或市场均可见贩售，但建议寻找有政府许可的合格店家购买，品质较有保障。中药材的基本选购保存原则如下：

(1) 干性药材如百合、淮山等，若有受潮发霉现象，或湿性药材如枸杞、红枣等有黏手现象，最好不要买。
(2) 部分中药材虽为干燥后成品，可长期保存，但必须在购买时询问药材行正确的保存期限，以免丧失药效或过期。
(3) 湿性药材比较容易发霉，所以封好后需放在冰箱内冷藏保存。

制作小朋友药膳时，所用的药材大多为平、温性，若有用到偏寒性药材，就必须搭配温热性药材，让药性中和成平性，以适合小朋友的身体状况。

发芽米→平性

为糙米经浸泡发芽后，活化了糙米中的酶，使其产生更高的维生素如含有丰富的 γ－氨基丁酸(GABA)、磷酸六肌醇(IP6)、肌醇(Inositol)、阿魏酸(Ferulic acid)、B族维生素群、维生素E、镁、钾、钙、锌、蛋白质及膳食纤维等。
具降低血压、稳定神经与提高肾脏与肝脏功能；并具抗氧化、提升免疫力作用及预防骨质疏松症、大肠癌等功能。

【平性】

五谷米→平性

包含薏仁、糙米、高粱米、大麦、荞麦、珍珠米、小米、黑米、燕麦、小麦等谷类，提供高铁、高钙、维生素群和胡萝卜素，丰富的纤维量更有助排便。

扁豆→平性

有健脾和胃、消暑解毒、除湿解热的功用，药材选择以粒大饱满且色白为佳。

黑豆／青仁黑豆→平性

黑属肾，青属肝，故青仁黑豆兼具滋肝补肾的功效，能促进体内新陈代谢、解毒、消水肿、固齿、乌发，量少能醒脾，多吃则会损脾。

黄豆→平性

所含蛋白质能降低胆固醇，植物雌激素可减轻女性更年期的各种症状，对促进骨骼健康亦有效果。

红豆→平性

有补血、利尿、消水肿、促进心脏的活化等功能，可改善低血压、恢复体力，且纤维含量丰富，有助通便。高血压患者忌服。

核桃／胡桃仁→平性

作为消炎、去淤血用，主治下腹部胀痛、月经不顺等。药材选择以皮膜为褐色、椭圆形、肥大、前端尖锐、仁为白色者为良品。

黑芝麻→平性

味香，有强化血管、保护心脏、预防贫血、帮助消化、防溃疡及美容、润肠通便、防止头发脱落变白的作用。

莲子→平性

作为镇静、除湿痒、强壮用，主治腹泻和心悸失眠。药材选择以成熟、如石头般硬者为佳。

雪莲子→平性

具丰富胶质，可补充胶原蛋白，选择上以颗粒大且透明无杂质的为佳，没有食用上的忌讳，但若要给小朋友吃，必须煮软烂些，避免噎到。

黑木耳→平性

有降血压、血脂的功用，能改善心脑血管循环系统；具软化血管与溶解血栓的作用，亦可改善宿便和初期的结石；还能强健骨骼及牙齿，预防骨骼疏松症。

银耳／白木耳→平性

可强志益气，防止动脉硬化，增进体内营养的平衡，保持精力旺盛，有活血去淤、养颜美容的作用，能治气滞血淤、月经不调、黑眼圈及脸上黄褐斑等症状。

红枣→平性

味甘甜，有健脾益胃、补气养血、安神疏肝与缓和药性的功能，可增加食欲、止泻、保护肝脏、增强免疫力及减少烈性药的副作用。

玉米须→平性

可促进胆汁排泄，降低其黏度，减少胆色素含量，作为利胆药。因药性温和药力弱，所以需要大量使用才能见效。

甘草→平性

味甘甜，有补中益气、清热解毒、去痰止咳、止痛的功能，用于气虚倦怠、咽喉肿痛、咳嗽痰多及胃病等症状。药材选择以皮薄带红色、笔直且味甘甜为佳。体内水分过多及呕吐者忌服。

茯苓 / 茯苓粉→平性

作为镇静、利尿用，主治胃内积水、心悸亢进、痉挛晕眩、小便不利、口渴等症。药材选择以色白、硬重者为佳。

党参→平性

有补中益气、生津养血的功能，主治脾胃虚弱、食欲不振、倦怠乏力、肺虚咳嗽、烦渴等症状。体质燥热者忌服，且不宜与藜芦同服。由于党参的规格很复杂，故药材选择一般以粗长均匀、切面呈白色且光滑湿润无空隙者为佳。

【凉性】

西洋参→凉性

又称粉光参，可降火气、除烦躁、生津解渴，还有消炎止痛的功效。适合凉补、平补，若需补气，则人参效果较佳。

薏仁→凉性

又称薏苡仁，有健脾、补肺清热、去风利湿的作用，主治水肿、皮肤粗糙、风湿等症状。药材选择以色白大粒为佳。

白果→凉性

又称银杏，苦涩有小毒，不可生食，熟食过多也易引起中毒，服用期间如身上出现红点，应停止服用。有益气定喘、减缓频尿、固肾补肺、抗结核及镇静的效果。

绿豆→凉性

能清热解毒、强肝，主治口干舌燥、肝气不疏，湿热内蕴等症状。脾胃虚弱者忌服。

莲藕粉→凉性

能润肺宁神、通窍化淤、促进消化、收敛止血，并有去除紧张疲劳、缓解压力及安定神经的功用。药材选择以色呈紫白色为佳。

菊花→凉性

可清肝明目、清热解毒，用于治疗热毒痘疮、红肿热痛、头目眩晕等症状。药材选择以身干、色白、味香、花朵头大且无碎瓣为佳。气虚胃寒、食欲不佳及腹泻者应小心服用。

薄荷→凉性

可散热、疏肝解郁、解毒，主要用来治疗感冒头痛、胃部闷痛、肝气郁闷、消化不良、头晕目眩等症状。

【微寒性】

川贝母→凉性

微寒，味苦，又称珠贝母。可润肺止咳，主治咳嗽痰血、久咳不愈的慢性气管疾病。药材选择以圆润饱满、质硬、呈白色为佳。

百合→微寒性

可清热宁心、润肺止咳、补中益气，有镇咳及治疗神经衰弱、脚气浮肿、消炎的作用。药材选择以鳞片小、味道浓、色泽黄白、质重充实、味苦的新鲜品为佳。

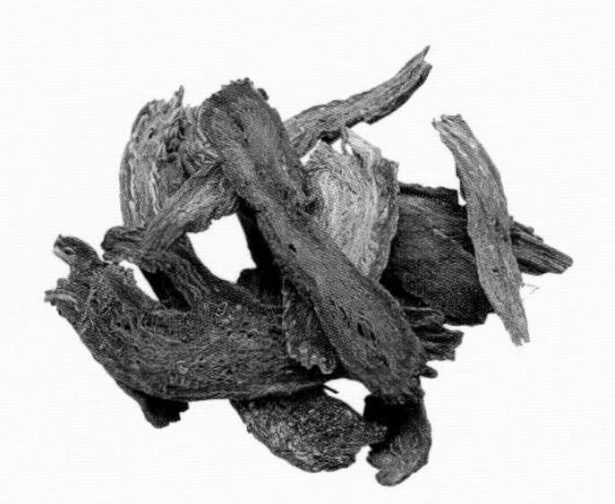

丹参→微寒性

味苦，可活血祛淤、凉血清心、养血安神、排脓止痛，有活血、调经、改善产后恶露滞留引起的腹痛等功用。药材选择以形状大、呈深红色，除去细根仍不易折断者佳。出血性疾病忌服。

桑叶→寒性

主要的功用为清热明目、去风凉血，可以用在治疗咳嗽、头昏、头痛、流眼泪和急性扁桃腺发炎等症状。

天冬→寒性

功效与麦冬相似，性寒，味甘苦。有润肺、滋阴养血、清热养阴、润肠的效果。药材选择以黄白色、半透明为佳。感冒风寒、脾胃虚寒、腹泻者忌服。

麦冬→寒性

味微苦，有清热养阴、润肺养胃、清心除烦、润肠通便的功能，所以能治虚烦失眠、口干舌燥、咽喉肿痛、便秘等症状。药材选择以淡黄色、大且重者佳。感冒风寒、 胃虚寒、腹泻者忌服。

枸杞→微温性

可补阳补阴，促进免疫功能及造血功能，使白细胞增多，增强抗病能力，有补精血、益肾、养肝明目的功能，常用于疲劳、肾精不足、遗精、腰膝酸软、肝肾阴虚、眼目昏糊等症状。药材选择以粒大呈鲜红色者佳。外部实热、 虚湿滞者忌服。

栗子→微温性

主要功效为养胃健脾、补肾强筋骨、益胃平肝、活血止血。对老年人是抗衰老与延年益寿的滋补佳品。现代医学指出，栗子含不饱和脂肪酸和各种维生素，有抗高血压和动脉硬化的功效。

【温性】

参须 / 人参须→温性

能补气、补肺降火、养胃生津，主治精神委顿、虚热喘咳或燥咳等症状。腹胀者慎服。

当归→温性

微苦，能使血各归其所，故名“当归”，主治贫血、月经不调、经痛、子宫出血、风湿痛、跌打损伤、肠燥便秘等症状。药材选择以肥大、多须根如马毛状、外皮呈褐紫色，内部呈黄白色者较佳。

防风→温性

有解热、抗菌镇痛、止泻止血、抗过敏的作用，还能增强免疫力，可去除因风邪而引起的头痛、风湿痛、关节疼痛以及腹痛腹泻、便血等症状。药材选择不论种类，外皮呈淡黄色，质地紧密，长粗湿润者佳。阴虚火旺者忌服。

五味子→温性

味酸，能镇咳去痰、止泻止汗、涩精固气、宁心安神。药材选择以表面有皱纹、黑紫色、大粒、有甜味者佳。表邪未解、内有实热（外在的风邪未除，体内有火故口干舌燥）、咳嗽初起、麻疹初发者忌服。

熟地→温性

又名熟地黄，能平补肝肾、养血滋阴、填骨髓生精血，主治精亏劳损、遗精、腰酸脚弱、须发早白。 虚少食、水肿者忌服。

白术→温性

能补脾、健胃整肠、除湿发汗和利尿，主治食欲不振、呕吐腹泻、水肿腹痛、气虚倦怠、风湿病痛等症状。药材选择以含油分多者为佳。肾虚者忌服。

陈皮→温性

属理气药材，具有健胃、祛风、止呕逆的作用，专治食欲不振、呕吐、腹泻、咳嗽等症状。此外对于痰多黏白有燥湿化痰的功效。药材选择以颜色呈褐色者佳。

黄芪→温性

有补中益气、利水退肿、降血压的功效，用于气虚倦怠乏力、气虚发热、脱肛、便血、浮肿、小便不利等症状。药材选择以外观呈淡褐色或黄褐色，内部呈黄白色、质地柔软且有甘香味者佳。

桂圆→温性

又称龙眼干，味甘甜，可补心血、安心神、滋补脾脏、改善虚弱怕冷的体质。

玫瑰花→温性

有明目、健胃、利尿、镇静功效，选择上以色泽鲜艳、气味芳香者为佳。

松子→温性

味甘，能益气润肠、养阴、润肺滑肠，主治肝风、头晕目眩、体虚短气、口温便秘、毛发皮肤干燥、心悸盗汗等症状。

杏仁（北杏）→温性

味苦，作用力较急，适用于体质较佳的人，有发散风寒、镇咳化痰作用，又能润肠通便，可用于治疗肠燥便秘。药材选择以扁平肥厚、白色大粒者佳（中药店才有售）。

杏仁（南杏）→温性

又称甜杏仁（市售杏仁多为南杏），味甘，作用力较缓，适用于老人、体虚及虚劳咳喘者，能润肺、宁咳平喘（作用不及北杏）、疏通气管、加强呼吸功能。

肉桂→温性

别名玉桂，是肉桂树的干燥树皮，中医指其有温肾补阳、散寒止痛、发汗、止吐的作用。能增强血液循环；能增加消化液的分泌，增强消化机能；其油脂（桂皮油）可以刺激肠胃黏膜、促进肠胃蠕动、消除胀气、缓和胃肠痉挛性疼痛。

图书在版编目（CIP）数据

为家人煮碗汤 / 陈富春著. -- 南京 : 江苏美术出版社, 2013.4

（健康事典）

ISBN 978-7-5344-5756-2

Ⅰ. ①为… Ⅱ. ①陈… Ⅲ. ①汤菜—菜谱 Ⅳ. ①TS972.122

中国版本图书馆CIP数据核字(2013)第057025号

出 品 人 周海歌

策划编辑 张冬霞

责任编辑 张冬霞
孟　尧

装帧设计 艺　尚

责任监印 朱晓燕

出版发行 凤凰出版传媒股份有限公司
江苏美术出版社（南京市中央路165号　邮编：210009）
北京凤凰千高原文化传播有限公司

出版社网址 http://www.jsmscbs.com.cn

经　　销 全国新华书店

印　　刷 深圳市彩之欣印刷有限公司

开　　本 787×1092　1/16

印　　张 6

版　　次 2013年5月第1版　2013年5月第1次印刷

标准书号 ISBN 978-7-5344-5756-2

定　　价 25.00元

营销部电话　010-64215835　64216532

江苏美术出版社图书凡印装错误可向承印厂调换　电话：010-64216532

凤凰千高原

征稿 Contribution Invited

也许您是热爱烹饪美食、追寻美食文化的实践者，也许您是醉心于家居生活、情趣手工的小行家，也许您正好愿意把自己热爱与醉心之事诉诸于笔端、跃然于纸上，和您的每一位读者或粉丝分享，那么，我们非常希望给您提供一方“用武之地”，将您的创意、您的文字或图片以图书形式完美体现。想象一下吧，也许您的加入正是我们携手为读者打造好书的契机，正是我们互相持续带给对方惊喜的源头，那您还犹豫什么呢？快联络我们吧！

凤凰出版传媒集团　江苏美术出版社
北京凤凰千高原文化传播有限公司
地址：北京市朝阳区东土城路甲六号金泰五环写字楼五层
邮政编码：100013
电话：（010）64219772-4
传真：（010）64219381
Q Q：67125181
E-mail：bjfhqgy@126.com

您的资料（请清楚填写以方便我们寄书讯给您）

姓名：__________ 性别：□男 □女 生日：__________

职业：__________ E-mail：__________

地址：__________

电话：__________

读 者 回 函

感谢您购买本出版社出版图书，为了更贴近读者的阅读需求，出版您喜欢的图书，在此烦请您详细填写回函，我们将不定时为您提供最新出版信息及优惠活动通知。如果您需要问卷的电子版或您有任何宝贵的建议，欢迎您通过我们的官方微博http://e.weibo.com/qiangaoyuan和邮箱bjfhqgy@126.com联络我们，您的肯定与鼓励，将使我们更加努力！

您购买了 **为家人煮碗汤**

1. 您在什么地方看到了这本书的信息?

□ 便利商店 ______ □ 逛书店时 □ 朋友推荐

□ 网络书店（哪家网站：______）□ 看报纸（哪家报纸：______）

□ 听广播（哪个好电台：______）□ 看电视（哪个好节目：______）

□ 其他 ______

2. 这本书什么地方吸引了您，让您愿意掏钱来买呢？（可复选）

□ 主题刚好是您需要的 □ 您是我们的忠实读者 □ 有材料照片

□ 有烹调过程图 □ 书中好多菜是您想学的 □ 除了菜看做法还有许多实用资料 □ 照片拍得很漂亮

□ 您喜欢这本书的版式风格设计 □ 其他

3. 您照着本书的配方试做之后，烹调的结果如何呢?

□ 还没有时间下厨 □ 描述详细能完全照着做出来

□ 有的地方不够清楚，例如 ______

□ 很好吃，您最喜欢的菜是 ______

□ 不是您喜欢的味道，这些菜是 ______

4. 何种主题的烹调食谱书，是您想要在便利商店买到的?

□ 省钱料理，1道菜大约花 ______ 元 □ 快速上菜，1道菜大约花 ______ 分钟

□ 吃了会健康 □ 吃了变漂亮 □ 好吃又能瘦 □ 季节性料理

□ 简单制作的点心，例如 ______

□ 单一主题料理，例如 ______

□ 其他我们没有为您想到的，例如 ______

5. 下列主题哪些是您很有兴趣购买的呢？（可复选）

□中式家常菜 □地方菜（如川菜、上海菜）□西餐 □日本料理 □电锅菜 □小火锅 □烹调秘笈

□咖啡 □烘焙 □小朋友营养饮食

□减肥食谱 □美肤瘦脸食谱 □其他，主题如 ______

6. 如果作者是知名老师或饭店主厨，或是有名人推荐，会让您更想购买吗?

□ A 会，哪一位对您有吸引力 ______

□ B 不会，因为您更重视的是 ______

7. 您认为本书还有什么不足之处？如果您对本书或本出版社有任何建议或意见，请一定告诉我们，我们会努力做得更好！

______

Cookbook
Publishing